# 制御・数値解析のための MATX

古賀雅伸 著

東京電機大学出版局

商標および登録商標

・MS-DOS, Windows, Windows NT, VisualC++, Win32は
米国Microsoft社の登録商標または商標です。
・Sun, SunOS, SolarisはSun Microsystems, Inc.の商標です。
・Mathematicaは、Wolfram Research社の登録商標です。
・MATLABは、米国Math Works社の登録商標です。

その他、本書に記載の社名、製品名、およびシステム名は各開発会社の商標または登録商標です。
本書では、通称などで表記している場合もあります。

装幀＝福田和雄

Ⓡ（日本複写権センター委託出版物・特別扱い）
本書の無断複写は、著作権法上での例外を除き、禁じられています。
本書は、日本複写権センター「出版物の複写利用規程」で定める特別許諾を必要とする出版物です。
本書を複写される場合は、すでに日本複写権センターと包括契約をされている方も事前に
日本複写権センター（03-3401-2382）の許諾を得てください。

# まえがき

　本書は，制御工学や数値解析の計算を行いたい学生，研究者，エンジニアを対象にした MATX 言語の入門書である．

　MATX は科学や工学に必要な数値および数式計算をサポートする記述性に優れたプログラミング言語である．東京工業大学において開発され，主にシステム理論 (制御系の解析・設計・シミュレーション) や信号処理の研究に使われてきた．多項式，有理多項式，行列，リストなどの有用な型があり，データの定義や操作を自然な表現で記述できるので，ノートに書いた数学的表現をほとんどそのままプログラムとして記述できる．このためユーザは他のプログラミング言語 (Fortran, Pascal, C, Basic) でプログラムを記述するのに比べてずっと短い時間で多くの計算問題を解くことができる．文法のうち制御の流れや関数などのプログラム構造は，C 言語とほぼ同じであり，C 言語を知っている人はすぐに慣れることができる．行列の演算や成分の操作法は市販の計算ソフトウェア MATLAB とほぼ同じであり，MATLAB を知っている人はすぐに MATX に慣れることができる．

　当初，『科学技術計算のための MATX』というタイトルで企画されたが，500 ページを越える分量となったため，読者の利用目的を検討し 2 冊の本として出版することとした．1 冊は，制御工学や数値解析の計算を MATX で行いたい読者が入門書として利用できるよう文法と例題を含めた『制御・数値解析のための MATX』，もう 1 冊は，Linux や Windows で本格的に MATX を用いて数値計算をしたい読者がバイブルとして利用できるよう，文法と例題に加え，すべての関数とコマンドのリファレンス，データフォーマットなどを含めた『Linux・Windows でできる MATX による数値計算』である．なお，前者のすべての内容は後者に含まれる．

まえがき

　初めて MATX を使用される方は，まず第 1 章で MATX の概要を理解し，第 2 章を参照しながらパッケージをコンピュータにインストールし，第 3 章で基本的な使い方を一通り学ぶことをお薦めする．次に，行列に関して知りたい方は第 4 章から第 9 章を，プログラミングとその実行方法について知りたい方は第 10 章から第 15 章を読んでいただきたい．プログラミングの説明は初級，中級，上級に別れているが，通常の使用には中級までで十分である．第 16 章には文字列型，第 17 章には多項式型と有理多項式型，第 18 章にはリスト型に関する説明がある．最後の 2 つの章には，データ解析と信号処理および制御系のシミュレーションの実行例がある．

　本書を通じて，OS のユーティリティ名はサンセリフ体 sans serif に，本文中の MATX の関数，文，変数はタイプライタ体 typewriter に統一してある．また，プログラム例や構文の紹介では，ユーザが端末から実際にタイプする部分はスランティッド体 slanted に，コンピュータが出力した部分はタイプライタ体を用いた．

　MATX の開発および本書の執筆にあたりさまざまな方のお世話になったが，その中でも，日頃から制御理論に関して御指導をいただいている東京工業大学古田勝久教授に感謝する．いち早く MATX を大学の演習に採用して下さり，本書の出版を勧めていただいた東京電機大学畠山省四朗教授に感謝する．日頃から制御理論に関して議論していただいている東京工業大学三平満司助教授に感謝する．多くのバグを指摘して下さり，アドバイスをいただいた東京工業大学山北昌毅助教授，武蔵工業大学野中謙一郎助手に感謝する．MATX の開発および本書の執筆に関して良き相談相手であった清田洋光氏に感謝する．草稿に目を通して誤りを指摘し，アドバスをいただいた西村修氏，岩代雅文氏，宮腰清一氏に感謝する．また，東京工業大学古田研究室，三平研究室，山北研究室の人々，および MATX メーリングリストのメンバの貴重なフィードバックに感謝する．最後に，本書の発行に際してさまざまな点でお世話になった東京電機大学出版局の植村八潮氏に感謝する．

2000 年 1 月

大岡山にて　古賀 雅伸

# 目次

まえがき ............................................................. i

## 第 1 章　M$_A$TX 入門 ............................................. 1
1.1　科学技術計算のためのプログラミング言語 ............... 1
1.2　プログラミング言語 M$_A$TX ............................ 2
1.3　M$_A$TX のライブラリ ................................. 2
1.4　プログラム作成手順 ................................... 4
1.5　動作環境 ............................................. 6
1.6　M$_A$TX の特徴 ...................................... 6

## 第 2 章　インストール ............................................ 9
2.1　入手方法 ............................................. 9
2.2　Windows 95/98/NT(Visual C++) 版 ................... 10
2.3　Windows 95/98/NT(DJGPP) 版 ........................ 19
2.4　UNIX 互換 OS 版 ................................... 28
2.5　ベンチマーク ........................................ 34

## 第 3 章　基本的な使い方 ......................................... 37
3.1　初めに知っておくべきこと ........................... 37
3.2　スカラ型のデータ ................................... 43
3.3　行列型のデータ ..................................... 45

- 3.4 文字列 ……………………………………………………… 47
- 3.5 リスト ……………………………………………………… 48
- 3.6 数値と表現式 ……………………………………………… 48
- 3.7 複素数表現 ………………………………………………… 49
- 3.8 型変換について …………………………………………… 49
- 3.9 関数 ………………………………………………………… 50
- 3.10 グラフィックス …………………………………………… 52

## 第4章 行列演算の基本 ……………………………………… 53
- 4.1 行列の和と差 ……………………………………………… 53
- 4.2 行列の積 …………………………………………………… 54
- 4.3 行列の商 (逆行列) ………………………………………… 54
- 4.4 行列の累乗 ………………………………………………… 55
- 4.5 転置行列と複素共役転置行列 …………………………… 55

## 第5章 配列演算の基本 ……………………………………… 57
- 5.1 配列型データの演算 ……………………………………… 57
- 5.2 行列の配列演算 …………………………………………… 62
- 5.3 行列型とスカラ型の演算 ………………………………… 66

## 第6章 行列成分の操作 ……………………………………… 67
- 6.1 成分の参照と代入 ………………………………………… 67
- 6.2 行と列の参照と代入 ……………………………………… 68
- 6.3 部分行列の参照と代入 …………………………………… 68
- 6.4 成分の削除 ………………………………………………… 72
- 6.5 ブロック行列の参照と代入 ……………………………… 72
- 6.6 行列の成分の代入に関する注意 ………………………… 78

| | | |
|---|---|---|
| 6.7 | 式行列の参照 | 78 |
| 6.8 | 行列を構成する成分操作 | 79 |

# 第7章　いろいろな行列 ........................................ 83

| | | |
|---|---|---|
| 7.1 | 基本的な記述方法 | 83 |
| 7.2 | 行列成分の変換規則 | 84 |
| 7.3 | 行ベクトルと列ベクトル | 84 |
| 7.4 | 行列を成分とする行列 | 85 |
| 7.5 | 複素行列 | 85 |
| 7.6 | 零行列 | 86 |
| 7.7 | 単位行列 | 87 |
| 7.8 | 1で満たされた行列 | 89 |
| 7.9 | 等間隔ベクトル | 90 |
| 7.10 | 対数スケールで等間隔ベクトル | 91 |
| 7.11 | 乱数行列 | 92 |
| 7.12 | 対角行列とブロック対角行列 | 93 |
| 7.13 | 空行列 | 93 |

# 第8章　行列関数 ................................................. 95

| | | |
|---|---|---|
| 8.1 | 三角分解 | 95 |
| 8.2 | 直交分解 | 98 |
| 8.3 | 特異値分解 | 100 |
| 8.4 | 固有値分解 | 101 |
| 8.5 | ノルム，階数，条件数 | 104 |
| 8.6 | 行列指数関数と行列対数関数 | 104 |

# 第9章　行列エディタ ........................................... 107

- 9.1 行列の入力 ········································· 108
- 9.2 成分中の移動 ······································· 110
- 9.3 行と列の削除と移動 ································· 110
- 9.4 部分行列の複写 ····································· 111
- 9.5 横長の行列の編集 ··································· 112
- 9.6 複素行列の入力・編集 ······························· 113
- 9.7 成分操作 ··········································· 113
- 9.8 ファイル入出力 ····································· 114
- 9.9 行列エディタ (mated) ······························· 115

# 第10章　初級プログラミング ························· 117
- 10.1 制御の流れ ········································ 117
- 10.2 簡単な関数 ········································ 125

# 第11章　MM-ファイルとその実行 ····················· 131
- 11.1 関数ファイル ······································ 132
- 11.2 スクリプトファイル ································ 133
- 11.3 実行可能 MM-スクリプト ··························· 134
- 11.4 インタプリタによる実行 ···························· 135
- 11.5 インタプリタのオプション ·························· 137
- 11.6 コンパイラによる実行 ······························ 139
- 11.7 コンパイラのオプション ···························· 140
- 11.8 MM-ファイルの実行形態の比較 ····················· 142
- 11.9 スタートアップファイル ···························· 143
- 11.10 クイットファイル ································· 144

# 第12章　グラフィックス ····························· 147

| | | |
|---|---|---|
| 12.1 | mgplot を使うための設定 | 148 |
| 12.2 | 基本的なプロット | 148 |
| 12.3 | 複数の線のプロット | 151 |
| 12.4 | 対数プロット | 153 |
| 12.5 | 1個のウィンドウに複数のグラフ | 155 |
| 12.6 | (PS\|FIG コード) ファイルに保存 | 155 |
| 12.7 | コマンド | 156 |
| 12.8 | DOS で mgplot を使う | 157 |
| 12.9 | X-Window を必要としないグラフ表示 | 157 |

## 第13章　中級プログラミング　159

| | | |
|---|---|---|
| 13.1 | 変数について | 159 |
| 13.2 | 型変換 | 161 |
| 13.3 | 可変個の引数をもつ関数 | 163 |
| 13.4 | 複数個の値を返す関数 | 165 |
| 13.5 | 再帰関数 | 165 |
| 13.6 | エラー停止する | 166 |
| 13.7 | 警告を表示する | 167 |
| 13.8 | 代入式 | 167 |
| 13.9 | メニューを表示する | 168 |
| 13.10 | 画面をクリアする | 169 |
| 13.11 | ベルを鳴らす | 169 |
| 13.12 | 停止する | 169 |

## 第14章　ファイル操作　171

| | | |
|---|---|---|
| 14.1 | MM-ファイルの読み込み (matx のみ) | 171 |
| 14.2 | データファイルの入出力 | 172 |

14.3 一般ファイルの入出力 ························· 176
14.4 標準入力, 標準出力, 標準エラー出力 ················ 177
14.5 ファイルの終端の検出 ························ 178
14.6 ファイルのアクセス権を調べる ··················· 178
14.7 ディレクトリを変更する ······················· 179
14.8 ファイル入出力 ··························· 179

## 第 15 章　上級プログラミング ······················ 181
15.1 関数の引数について ························· 181
15.2 関数を引数として関数にわたす ··················· 182
15.3 引数の型によって動作を変える関数 ················· 183
15.4 require 修飾子付関数宣言 ····················· 184
15.5 関数の検索規則 ··························· 185
15.6 コマンドライン引数 (matc のみ) ·················· 186
15.7 静的変数 ······························· 186
15.8 変数の存在を調べる (matx のみ) ·················· 188
15.9 変数の消去 (matx のみ) ······················· 189
15.10 現在の日付と時間を調べる ····················· 189
15.11 時間の計測 ····························· 190
15.12 環境変数の設定と取得 ······················· 190
15.13 バージョン番号の設定と取得 ···················· 190
15.14 文字列の評価を用いたデバッグ (matx のみ) ············ 191
15.15 OS の命令を実行する ······················· 192
15.16 プロセス間通信 ·························· 192

## 第 16 章　文字列 ··························· 195
16.1 文字の参照と代入 ·························· 196

| 16.2 | 部分文字列の参照と代入 | 196 |
| 16.3 | 文字列の比較 | 199 |
| 16.4 | 文字の位置を調べる | 200 |
| 16.5 | 文字列の表示と入力 | 201 |
| 16.6 | 文字列への変換 | 202 |
| 16.7 | 文字列の評価 | 203 |

## 第 17 章　多項式と有理多項式　205

| 17.1 | 多項式の入力 | 205 |
| 17.2 | 有理多項式の入力 | 208 |
| 17.3 | 多項式行列の入力 | 211 |
| 17.4 | 有理多項式行列の入力 | 213 |
| 17.5 | 式の評価 | 216 |
| 17.6 | 微分と積分 | 220 |
| 17.7 | 係数のシフト | 222 |
| 17.8 | 多項式と有理多項式の比較 | 224 |
| 17.9 | 多項式の根，有理多項式の零点と極 | 225 |

## 第 18 章　リスト　227

| 18.1 | リストの入力 | 227 |
| 18.2 | 成分の参照 | 228 |
| 18.3 | 成分の代入 | 229 |
| 18.4 | リストの結合 | 230 |
| 18.5 | リストの比較 | 230 |
| 18.6 | 成分の型 | 232 |
| 18.7 | 多段リスト | 232 |

目 次

## 第 19 章 プリプロセッサ ......... 237
19.1 条件付き処理 ......... 239
19.2 ファイルの読み込み ......... 239
19.3 マクロ置換 ......... 240

## 第 20 章 データ解析と信号処理 ......... 241
20.1 基本的なデータ解析 ......... 241
20.2 基本的な信号処理 ......... 243
20.3 行ごとのデータ解析 ......... 245
20.4 列ごとのデータ解析 ......... 247
20.5 FFT ......... 248
20.6 簡単な外部データの解析 ......... 250

## 第 21 章 制御系のシミュレーション ......... 253
21.1 常微分方程式の解 ......... 254
21.2 連続時間システムのシミュレーション ......... 258
21.3 ハイブリッドシステムのシミュレーション ......... 268

参考文献 ......... 274

付録 A Matlab ユーザのための M$_A$TX 入門 ......... 277
A.1 行の継続 ......... 277
A.2 コメント ......... 278
A.3 転置演算子 ......... 278
A.4 特殊変数と基本的な関数 ......... 278
A.5 論理演算 ......... 279
A.6 制御フロー ......... 279
A.7 行列の入力 ......... 280
A.8 行列とスカラ ......... 281

A.9　文字列 ……………………………………………… 281
　　　A.10　多項式と有理多項式 ………………………………… 282
　　　A.11　ユーザ定義関数 …………………………………… 282
　　　A.12　データの表示と入力／編集 ………………………… 284
　　　A.13　データの保存と読み込み …………………………… 284
付録 B　最新情報 ……………………………………………………… 285
付録 C　ユーザ登録 …………………………………………………… 286
付録 D　ライセンス …………………………………………………… 287
索　　引 ……………………………………………………………… 289

# 第 1 章

# M_ATX 入門

## 1.1 科学技術計算のためのプログラミング言語

M_ATX は科学や工学に必要な数値および数式計算をサポートする記述性に優れたプログラミング言語である [7], [16]。M_ATX は数値解析，行列計算，数式処理を使い易い形に統合化しているので，ノートに書いた数学的表現をほとんどそのままプログラムとして記述できる。このためユーザは他のプログラミング言語 (Fortran, Pascal, C, Basic) でプログラムを記述するのに比べてずっと短い時間で多くの計算問題を解くことができる。

科学技術計算を行うとき，対話的な処理が有効な場合と一括的な処理が威力を発揮する場合がある。対話型処理系は，コマンドライン上でいろいろなコマンドを組み合わせて使うためだけでなく，プログラムを作成する場合，開発時間を大幅に節約するのに役立つ。一方，一括型処理系はプログラムが完成した後で，計算時間を短縮するのに役立つ。特に，シミュレーションのように計算量の多い処理は，一括型処理によって飛躍的に計算速度を向上させることができる。M_ATX の処理系には，対話的に処理を行なうための**インタプリタ** (matx) と一括的に処理を行うための**コンパイラ** (matc) がある。処理系やライブラリなどを含むパッケージ全体を表現するとき，プログラミング言語と同じ名前 M_ATX を用いる。

## 1.2　プログラミング言語 MATX

制御系設計に計算機を使用することはシミュレーションから始まった。代表的なものに非線形システムのシミュレーションを行うために開発された Simnon [1] がある。残念ながら Simnon は行列演算を効率よく記述することができなかった。システム理論におけるベクトルや行列演算を簡単に行いたいという要望から行列を基本データ構造とする言語 Matlab [8], [12] や Matrixx [13] が生まれた。Matlab や Matrixx は，Linpack [2] や Eispack [3] などの信頼性のある行列計算アルゴリズムを基に構築された行列演算言語であり，紙に書いた行列演算をほとんどそのままプログラムとして使用できるという記述性の良さから近年多く使用されるようになった。

MATX の行列の演算や成分の操作法は Matlab とほぼ同じである。Matlab がデータの型を「区別しない」言語(注1)であるのに対し，MATX はデータの型を「区別する」言語である。データ型には，整数，実数，複素数，文字列，多項式，有理多項式，行列，配列，リストがあり，特別な演算子や関数を呼び出すことなく，データの定義や操作を自然な表現で記述できる。MATX の文法のうち制御の流れや関数などのプログラム構造は，C 言語 [5], [19] とほぼ同じであり，C 言語を知っている人はすぐに慣れることができる。

## 1.3　MATX のライブラリ

MATX はすべて C 言語で記述されており，インタプリタ (matx) とコンパイラ (matc) は図 1.1 に示すライブラリ MATX-Lib を利用する。MATX-Lib は，複素数，文字列，多項式，有理多項式，行列，リストの C 言語のライブラリの集合である。

行列ライブラリは，高レベル・ライブラリと低レベル・ライブラリから構成される。低レベル・ライブラリは，約 300 個の関数から構成され，データの高速処

---

(注1) Matlab の新しいバージョンには型が導入された。

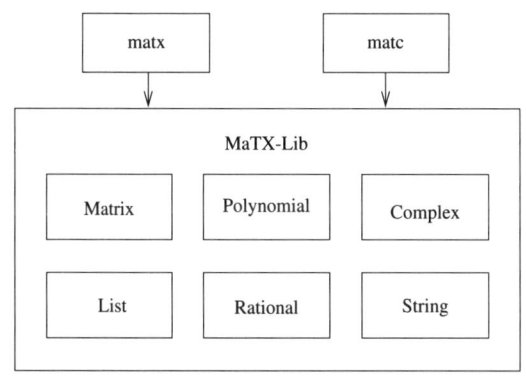

図 1.1　MATX のライブラリ

理を目的とし，データの型チェック等を行わない。データの演算とメモリ効率を高めるための最適化もこのライブラリで行われる。高レベル・ライブラリは，低レベル・ライブラリの上に作られ，約 200 個の関数から構成される。高レベル・ライブラリの目的は，データの抽象化を行うユーザ・インタフェースを提供することである。データの保存に必要なメモリ領域を管理し，データの属性に応じて適当な低レベル・ライブラリの関数を呼び出す。

　LU 分解，QR 分解，QZ 分解，固有値分解，一般固有値分解などの行列演算を数値的に安定に行うアルゴリズムをまとめたものに Linpack [2] や Eispack [3], [10] がある。これらのパッケージは，Fortran で記述されており，簡単に入手できるので，多くの科学技術計算プログラムで利用されている。MATX は，固有値分解や一般固有値分解を行うため Eispack のルーチンを C 言語に書き直したものを使用する。MATX のライブラリには，信号処理のための FFT を計算する関数や多項式や有理多項式の導関数や不定積分などの簡単な数式処理を行う関数も含まれる。

　図 1.2 は，MATX の内部処理を示す。MATX 言語で書かれたソースファイル (例えば test.mm) を入力すると，入力文字列は，字句解析部によって MATX の認識する表現単位に分割される。分割された基本単位 (トークン) は，構文解析部に渡

# 1 MATX 入門

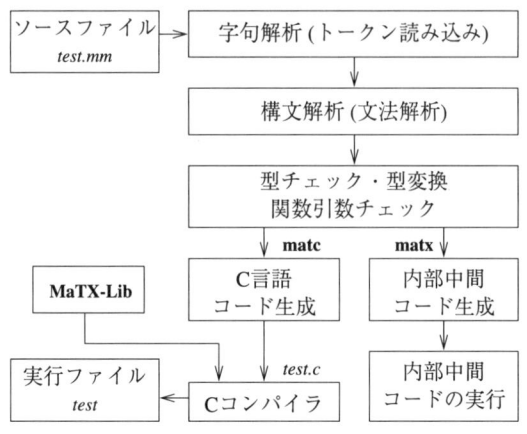

図 1.2 MATX の内部処理

され，MATX の構文ルール(文法)にしたがって再構成される。ルールが認識されると，対応するアクションが起動される。それぞれのアクションにおいて，データ型の不一致，関数の引数の不一致，初期化されていない変数の使用などがチェックされる。構文解析部は構文解析部生成言語として有名な **yacc** を用いて作成されている [14], [18]。

型の異なるデータの演算が行われるとき，図 1.3 の**自動型変換規則**にしたがって自動的に型変換が行われる。プログラムのチェックが終ると，コンパイラは C 言語コードを生成し，インタプリタは内部中間コードを生成する。

## 1.4 プログラム作成手順

MATX の処理系には，対話的に処理を行うための**インタプリタ** (matx) と一括的に処理を行うための**コンパイラ** (matc) がある。matc は，matx と同じプログラムを処理することができ，与えられた MATX のソースファイル (**MM-ファイル**) から C ファイルを生成する。したがって，インタプリタによる実行速度が十

1.4 プログラム作成手順

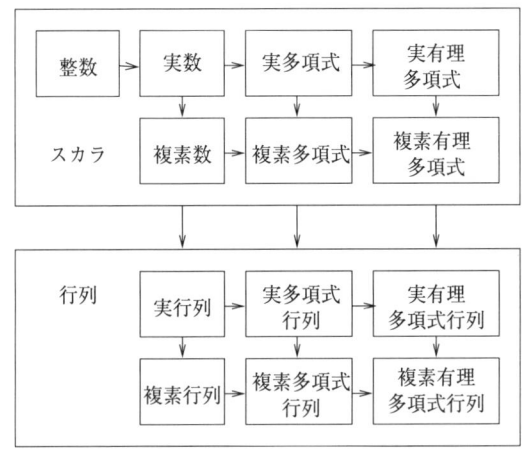

図 1.3　自動型変換規則

分でないとき，コンパイラを利用できる[注2]。

M_ATX には，すでに多くの有用な関数が準備されているが，アルゴリズムを関数として実現し，機能を拡張できる。この過程は，matx を使って対話的に途中経過をチェックしながら行える。関数が完成した後，matc を使ってコンパイルし，実行プログラムを作ることができる。また，C ファイルを matc の出力コードにリンクし，C の関数を M_ATX のプログラムから呼び出すことができる。

図 1.4 は，プログラムを作成する手順を示す。プログラムを作成するには，まず，仕様にしたがってアルゴリズムを MM-ファイル (例えば，test.mm) に関数として実現する[注3][注4]。

次に，matx を使って，ファイル単位または行単位のテストとファイルの修正を繰り返す。インタプリタの実行速度が十分でないとき，チェックの終った MM-ファイルを matc でコンパイルし，実行ファイルに変換することになる。matc は，

---

[注2] コンパイルすると，どのくらい速くなるかはプログラムによるが，関数呼び出しやスカラの繰り返し計算が多いプログラムは経験的に 5 倍くらい速くなる。

[注3] Emacs で MM-ファイルを編集する場合，清田洋光氏が作成した matx-mode
(ftp://ftp.matx.org/pub/MaTX/contrib/matx-mode.el) が便利である。

[注4] MM-ファイルについては，第 11 章参照。

5

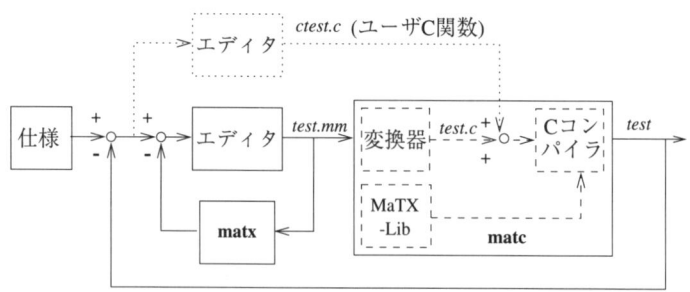

図 1.4 M{\small A}TX によるプログラム作成手順

内部で C ファイル (test.c) を生成し，C コンパイラを呼び出し，ライブラリ (M{\small A}TX-Lib) とリンクし，実行ファイル (test) を生成する．ユーザの C ファイル (ctest.c) を M{\small A}TX のプログラムにリンクすることもできる．最後に，実行ファイルを実行してすべての仕様が満たされるかチェックする．

## 1.5 動作環境

M{\small A}TX は表 1.1 に示すコンピュータとオペレーティングシステムで動作することが確認されている[注5]．

## 1.6 M{\small A}TX の特徴

章の終わりに M{\small A}TX の特徴をまとめておく．
- 行列，多項式，有理多項式，多項式行列，有理多項式行列，リストなどの型が標準で提供されており，アルゴリズムを簡潔に表現でき，記述性が高い．(第4章，第17章，第18章参照)
- 言語仕様が C 言語の仕様と似ているので覚えやすい．たとえば，制御文 (if, else, for, while, do, switch) はまったく同じである．(第10章参照)

---

[注5] Sun(680x0)，BSD/OS，BSD on Windows については，作者のまわりに開発環境がないので現在サポートされていない．

表 1.1 M$_A$TX の動作環境

| コンピュータ | OS |
|---|---|
| CRAY C916/12256 | Cray UNICOS |
| JP4 (PowerPC604) | JCC_BSD+ 1.0 |
| NEWS5000X | NEWS-OS 4.2.1R |
| HP 9000/755 | HP-UX |
| COMPAQ Alpha | Digital UNIX V4.0 |
| SGI Origin2000 | IRIX6.4 |
| Mips RC6280 | UMIPS4.52C |
| Sun (SPARC) | SunOS4.1.x, Solaris 2.5.x, 2.6.x, Solaris 7 |
| PC/AT 互換機 | Linux (2.0.x, 2.2.x) |
| PC/AT 互換機 | Solaris 2.5.x, 2.6.x, Solaris 7 |
| PC/AT 互換機 | FreeBSD 2.1.x, 2.2.x |
| PC/AT 互換機 | BSD/OS 2.0 |
| PC/AT 互換機 | Windows 95/98/NT, (Visual C++ 4.0,5.0) |
| PC/AT 互換機 | Windows 95/98/NT, (DJGPP 2.01) |
| PC/AT 互換機 | DOS/V, (DJGPP 2.01) |
| PC9801(NEC) | DOS, (DJGPP 2.01) |

- インタプリタだけなくコンパイラも提供されるので，目的に応じて効率よく作業を進めることができる。(第 11 章参照)
- C 言語のプログラムをリンクできるので，今までに C で書かれたソフトウェア資産を活用できる。(第 11 章参照)
- Eispack の固有値計算，Linpack の LU 分解，QR 分解，QZ 分解，特異値分解，微分方程式の数値解を求める RKF45，高速フーリエ変換を行う FFT 等の有用な関数が標準で提供されている。(第 8 章，第 20 章，第 21 章参照)
- 行列の入力編集を簡単に行うための行列エディタが提供されている。(第 9 章参照)
- 常微分方程式で記述できる非線形システム (もちろん線形システムを含む) の連続時間系のシミュレーションおよびサンプル値系 (連続 + 離散) のシミュレーションを簡単に行うことができる。(第 21 章参照)
- データプロットツール gnuplot を管理し，複数のウィンドウへ同時にグラフを表示するグラフィック機能が提供される。(第 12 章参照)

7

## 1 M$_A$TX 入門

- R$_T$M$_A$TX [15] を使えば，実時間制御用プログラムを直接記述できる。(シミュレーション用の関数をほとんどそのまま使える。)
- 最後にフリーソフトウェアである[注6]。

---

[注6] 付録 D 参照。

# 第2章

# インストール

　ここでは，パッケージの入手方法およびインストール方法を説明する。前章で述べたように M$_A$TX は様々な OS に対応しており，使用する OS や C コンパイラの種類によって，インストール方法が異なる。各自の環境に合わせてインストールしなければならない。現在[注1]，Windows 95/98/NT 版には，Visual C++ [注2]を利用するものと，DJGPP[注3] の gcc を利用するものがある。本書では，Visual C++を呼び出すものを Visual C++版，DJGPP を呼び出すものを DJGPP 版と呼ぶ。

　M$_A$TX の開発は現在も続けられており，日々バージョンが更新されている。最新版を使用することが望ましいので，最新情報および最新版を入手する方法を示す。

## 2.1　入手方法

　本書に付属する CD-ROM にはいろいろな OS に対応したパッケージが収録されている。この CD-ROM を利用すれば，簡単に M$_A$TX をインストールできる。インターネットに接続できるなら，最新情報を M$_A$TX のホームページ

---

[注1] 1999 年 10 月。
[注2] http://www.asia.microsoft.com/japan/products/developer.htm
[注3] http://www.delorie.com/djgpp/

2 インストール

```
http://www.matx.org/
```

から入手できる。最新版もここから入手できる。また，M$_A$TX の FTP サーバ

```
ftp://ftp.matx.org/pub/MaTX
```

からも匿名 ftp で最新版を入手できる[注4]。インターネットに直接接続できず，メールしか利用できない場合は ftpmail で次のアドレスから最新版を入手できる。

```
ftpmail@matx.org
```

ftpmail を利用するには上記アドレス宛てに，本文が

```
help
```

だけのメールを送って HELP ファイルを入手し，その内容に従ってパッケージを入手する。ただし，ファイルサイズがかなり大きいものがあるので，サイズを確認してから ftpmail を利用する。

## 2.2 Windows 95/98/NT(Visual C++) 版

本節では，Visual C++ 版 M$_A$TX をインストールする方法を説明する。

### 2.2.1 必要なリソース

表 2.1 に Visual C++ 版 M$_A$TX を使用するために必要なリソース (環境) 示す。ただし，インタプリタ (matx) は Visual C++ がインストールされていなくても使用できる。

### 2.2.2 M$_A$TX のディレクトリ構成

表 2.2 にパッケージに含まれる主な内容を示す。

---

[注4] セキュリティのため DNS に登録されていない計算機からは接続できない。

## 2.2 WINDOWS 95/98/NT(VISUAL C++) 版

表 2.1 Visual C++版の使用に必要なリソース

| ハードウェア | IBM-PC 互換機 (80486 以上) |
|---|---|
| メモリ | 16MByte 以上 (24MByte 以上推奨) |
| ディスク容量 | 20MByte(フルインストール) |
| OS | Windows 95/98/NT |
| C コンパイラ | Visual C++ 4.0, 5.0 |

表 2.2 Windows 95/98/NT 用 MaTX(Visual C++版) のディレクトリ構成

| ディレクトリ | ファイル | 説明 |
|---|---|---|
| bin<br>実行<br>ファイル | matx.exe<br>matc.exe<br>matp.exe<br>mated.exe<br>rtmatx.exe<br>rtmatc.exe | インタプリタ<br>コンパイラ<br>行列表示プログラム<br>行列エディタ<br>RTMaTX のインタプリタ<br>RTMaTX のコンパイラ |
| lib<br>ライブラリ | libMaTX.lib<br>libmxmat.lib<br>libmxgra.lib<br>libmxctr.lib<br>libmxsig.lib | MaTX ランタイムライブラリ<br>行列演算ライブラリ<br>グラフィックライブラリ<br>制御系解析設計ライブラリ<br>信号処理ライブラリ |
| librt<br>RTMaTX 用<br>ライブラリ | libMaTX.lib<br>libmxmat.lib<br>libmxgra.lib<br>libmxctr.lib<br>libmxsig.lib | RTMaTX ランタイムライブラリ<br>行列演算ライブラリ<br>グラフィックライブラリ<br>制御系解析設計ライブラリ<br>信号処理ライブラリ |
| include<br>ヘッダ<br>ファイル | matrix.h<br>poly.h<br>rational.h<br>list.h<br>complex.h<br>estring.h<br>util.h<br>matxrc.h<br>matxgval.h | 行列ヘッダファイル<br>多項式ヘッダファイル<br>有理多項式ヘッダファイル<br>リストヘッダファイル<br>複素数ヘッダファイル<br>文字列ヘッダファイル<br>ユーティリティヘッダファイル<br>ユーザ関数ヘッダファイル<br>大域変数ヘッダファイル |
| inputs<br><br>MM-<br>ファイル | MaTXRC.mm<br>MaTXOUT.mm<br>matx.hlp<br>matrix¥*.mm<br>control¥*.mm<br>signal¥*.mm<br>graph¥*.mm | スタートアップファイル<br>クイットファイル<br>ヘルプファイル<br>行列演算 MM-ファイル<br>制御系解析設計 MM-ファイル<br>信号処理 MM-ファイル<br>グラフィック MM-ファイル |

## 2.2.3 インストール

通常，パッケージは自己解凍ファイルで配布されている。パッケージの名前は

```
MaTX-V.xxx+V.yyy.exe
```

2 インストール

である。**V.xxx** がパッケージに含まれるコンパイラ (matc) のバージョンを，**V.yyy** がインタプリタ (matx) のバージョンをそれぞれ意味する。

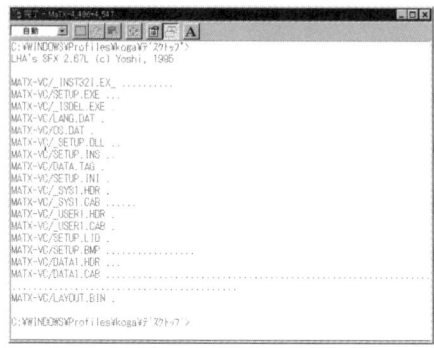

図 2.1 圧縮ファイルの解凍

図 2.2 フォルダ MaTX-VC の内容

パッケージを入手したら，まず，ファイルを解凍する必要がある。ただし，付属の CD-ROM にはパッケージは解凍された状態で収録されているので，この作業は必要ない。自己解凍ファイルを適当なフォルダーにコピーして，ダブルクリックすると，ウィンドウ (図 2.1) が開き，圧縮ファイルが解凍され，フォルダ

MaTX-VC ができる．解凍が終了したら，このウィンドウを閉じる．次に，フォルダ MaTX-VC(図 2.2) を開く．

図 **2.3** インストーラの起動画面

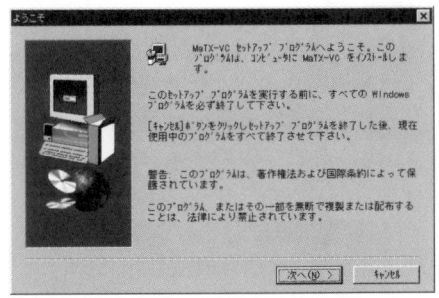

図 **2.4** インストーラのオープニングメッセージ

そして，Setup.exe というファイルをダブルクリックし，インストーラを起動する．起動画面 (図 2.3) に続き，インストーラのオープニングメッセージウィンドウ (図 2.4) が開く．

ボタン「次へ」をクリックする．ライセンス契約 (図 2.5) が表示されるので目を通す．

ライセンス契約に同意する場合は，ボタン「はい」をクリックする[注5]．インストール先を選択するウィンドウ (図 2.6) が表示される．

---

[注5] 「いいえ」ボタンを選択すると，インストールは中止される．

2 インストール

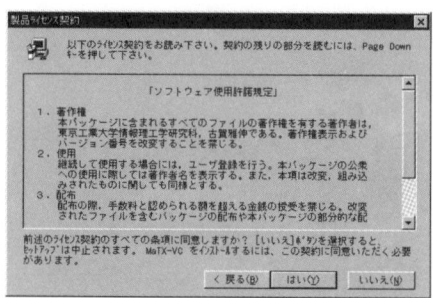

図 2.5 ライセンス契約

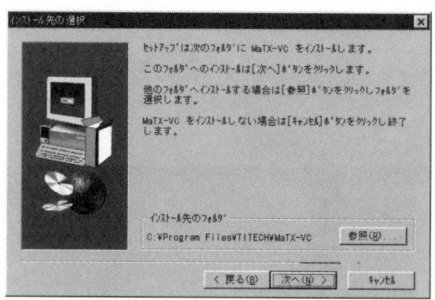

図 2.6 インストール先の選択

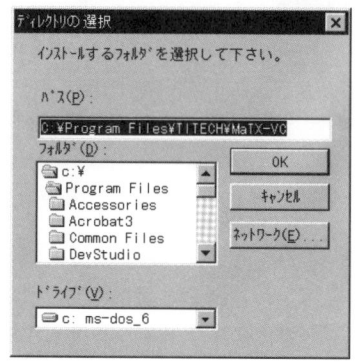

図 2.7 デフォルトのインストール先を変更

デフォルトのインストール先を変更する場合は，ボタン「参照」をクリックしディレクトリを指定する (図 2.7)。

## 2.2 WINDOWS 95/98/NT(VISUAL C++) 版

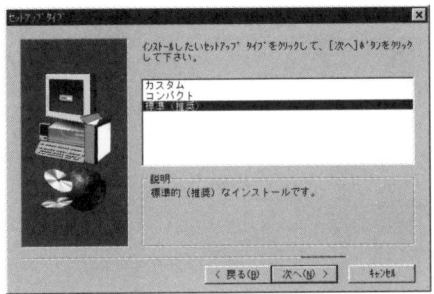

図 2.8　セットアップタイプの選択

インストール先を指定したら，ボタン「次へ」をクリックする．すると，セットアップタイプを選択するウィンドウ (図 2.8) が開く．

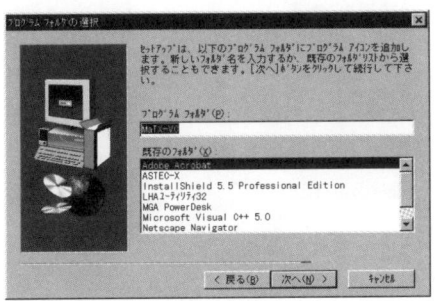

図 2.9　プログラムフォルダの選択

適当なセットアップタイプを選択する．通常は標準タイプを選択する．ボタン「次へ」をクリックする．MaTX のアイコンを追加するプログラムフォルダを選択するウィンドウ (図 2.9) が開く．

デフォルトのプログラムフォルダ MaTX-VC を選択する．ボタン「次へ」をクリックすると，ファイルのコピーが始まる．ファイルのコピーが終了すると，セットアップ完了のウィンドウ (図 2.10) が開く．ボタン「完了」をクリックし，コンピュータを再起動する．

2 インストール

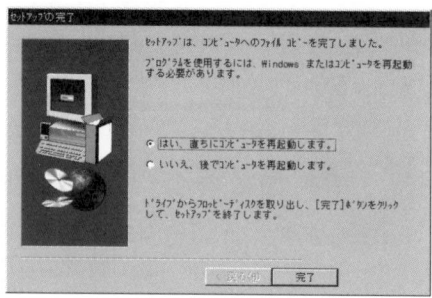

図 2.10 セットアップの完了

## 2.2.4 起動と終了

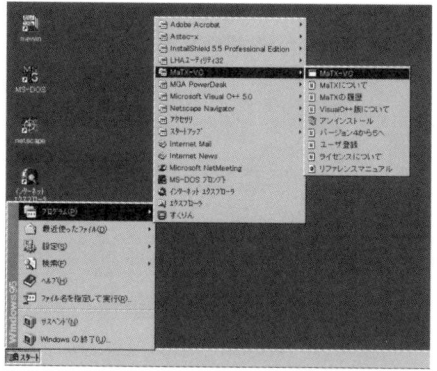

図 2.11 M${}_A$TX の起動

確認のためインタプリタを起動する。インタプリタを起動するには，図 2.11 に示すように，「スタート」→「プログラム」→「MaTX-VC」→「MaTX-VC」メニューを選択する。

インタプリタ (matx) が起動し，ウィンドウ (図 2.12) が開く。MaTX (1) はインタプリタ (matx) のプロンプトであり，これが表示されているときは，インタプリタが入力を受け付ける準備のできていることを意味する。

インタプリタを終了するには，コマンド quit を

## 2.2 WINDOWS 95/98/NT(VISUAL C++) 版

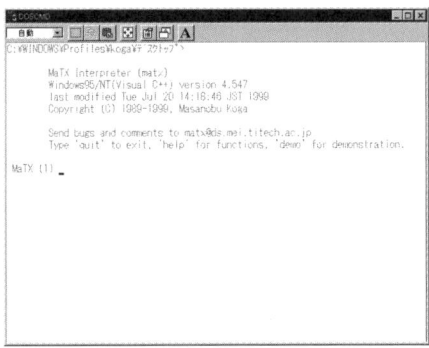

図 2.12　M$_A$TX のプロンプト

　　MaTX (1) *quit*

のように入力 (最後にリターンキー Return が必要) する。

### 2.2.5　デモの実行

デモを実行するには，コマンド demo を

　　MaTX (1) *demo*

のように入力 (最後にリターンキー Return が必要) する。デモを選択するメニュー

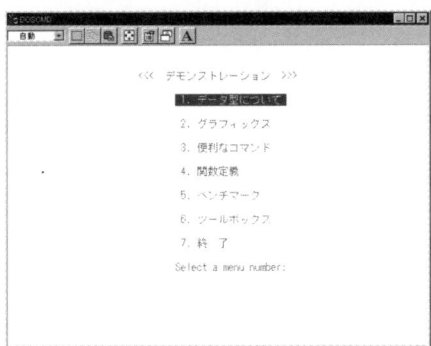

図 2.13　デモの選択メニュー

(図 2.13) が開く。矢印キー ($\boxed{\uparrow}$と$\boxed{\downarrow}$) で項目を選択し，リターンキー $\boxed{\text{Return}}$ を入力する。デモを終了するには「終了」を選択する。

## 2.2.6 アンインストール

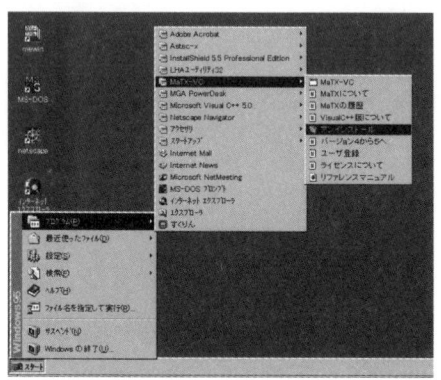

図 **2.14** M${}_A$TX のアンインストール

M${}_A$TX をアンインストールするには，図 2.14 に示すように，「スタート」→「プログラム」→「MaTX-VC」→「アンインストール」メニューを選択する。

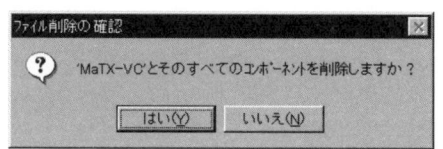

図 **2.15** ファイルの削除の確認

すると，ファイル削除の確認のウィンドウ (図 2.15) が開く。ボタン「はい」をクリックすると，関連するすべてのファイルが削除される。ファイルの削除が終了すると，アンインストールが完了したというメッセージが表示される (図 2.16) ので，ボタン「OK」をクリックする。

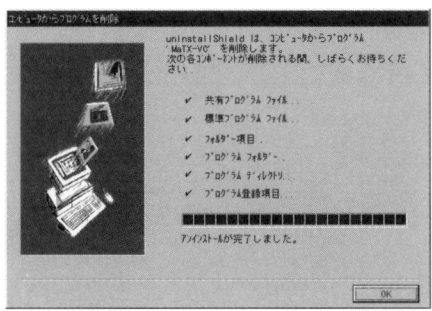

図 2.16　ファイルの削除の完了

## 2.3　Windows 95/98/NT(DJGPP) 版

本節では，DJGPP 版をインストールする方法を説明する。

### 2.3.1　必要なリソース

表 2.3 に DJGPP 版を使用するために必要なリソース (環境) を示す。DJGPP 版をインストールすると，同時に DJGPP の gcc が使用できるようになる。

表 2.3　DJGPP 版の使用に必要なリソース

| | |
|---|---|
| ハードウェア | IBM-PC 互換機 (80486 以上) |
| メモリ | 16MByte 以上 (24MByte 以上推奨) |
| ディスク容量 | 30MByte(フルインストール) |
| OS | Windows 95/98/NT |
| C コンパイラ | DJGPP2.01 以降の gcc |

### 2.3.2　ディレクトリ構成

表 2.4 にパッケージに含まれる主な内容を示す。

表 2.4 Windows 95/98/NT 用 M$_A$TX(DJGPP 版) のディレクトリ構成

| ディレクトリ | ファイル | 説明 |
|---|---|---|
| bin<br><br>実行<br>ファイル | matx.exe<br>matc.exe<br>matp.exe<br>mated.exe<br>rtmatx.exe<br>rtmatc.exe | インタプリタ<br>コンパイラ<br>行列表示プログラム<br>行列エディタ<br>R$_T$M$_A$TX のインタプリタ<br>R$_T$M$_A$TX のコンパイラ |
| lib<br><br>ライブラリ | libMaTX.a<br>libmxmat.a<br>libmxgra.a<br>libmxctr.a<br>libmxsig.a | M$_A$TX ランタイムライブラリ<br>行列演算ライブラリ<br>グラフィックライブラリ<br>制御系解析設計ライブラリ<br>信号処理ライブラリ |
| librt<br><br>R$_T$M$_A$TX 用<br>ライブラリ | libMaTX.a<br>libmxmat.a<br>libmxgra.a<br>libmxctr.a<br>libmxsig.a | R$_T$M$_A$TX ランタイムライブラリ<br>行列演算ライブラリ<br>グラフィックライブラリ<br>制御系解析設計ライブラリ<br>信号処理ライブラリ |
| include<br><br>ヘッダ<br>ファイル | matrix.h<br>poly.h<br>rational.h<br>list.h<br>complex.h<br>estring.h<br>util.h<br>matxrc.h<br>matxgval.h | 行列ヘッダファイル<br>多項式ヘッダファイル<br>有理多項式ヘッダファイル<br>リストヘッダファイル<br>複素数ヘッダファイル<br>文字列ヘッダファイル<br>ユーティリティヘッダファイル<br>ユーザ関数ヘッダファイル<br>大域変数ヘッダファイル |
| inputs<br><br><br>MM-<br>ファイル | MaTXRC.mm<br>MaTXOUT.mm<br>matx.hlp<br>matrix\\*.mm<br>control\\*.mm<br>signal\\*.mm<br>graph\\*.mm | スタートアップファイル<br>クイットファイル<br>ヘルプファイル<br>行列演算 MM-ファイル<br>制御系解析設計 MM-ファイル<br>信号処理 MM-ファイル<br>グラフィック MM-ファイル |

## 2.3.3 インストール

通常，パッケージは自己解凍ファイルとして配布されている．パッケージの名前は

```
MaTX-V.xxx+V.yyy.exe
```

である．V.xxx がパッケージに含まれるコンパイラ (matc) のバージョンを，V.yyy がインタプリタ (matx) のバージョンをそれぞれ意味する．

パッケージを入手したら，まず，ファイルを解凍する必要がある．ただし，付属の CD-ROM には，パッケージは解凍された状態で収録されているので，この

2.3 WINDOWS 95/98/NT(DJGPP) 版

作業は必要ない。

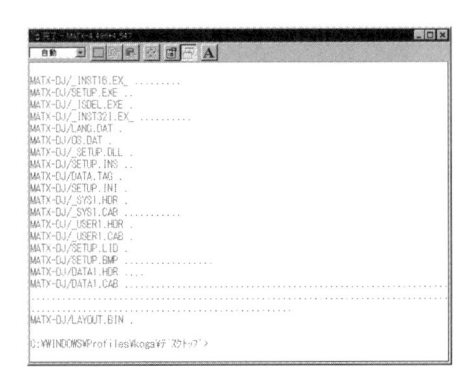

図 2.17 圧縮ファイルの解凍

自己解凍ファイルを適当なフォルダーにコピーし，ダブルクリックすると，ウィンドウ (図 2.17) が開き，圧縮ファイルが解凍され，フォルダ MaTX-DJ ができる。解凍が終了したら，このウィンドウを閉じる。

図 2.18 フォルダ MaTX-DJ の内容

次に，フォルダ MaTX-DJ(図 2.18) を開く。

21

2 インストール

図 **2.19**　インストーラの起動画面

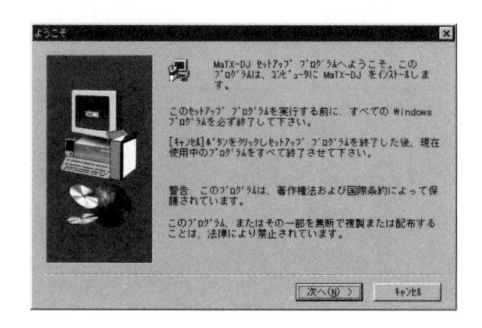

図 **2.20**　インストーラのオープニングメッセージ

Setup.exe というファイルをダブルクリックし，インストーラを起動する．起動画面 (図 2.19) に続き，インストーラのオープニングメッセージウィンドウ (図 2.20) が開く．

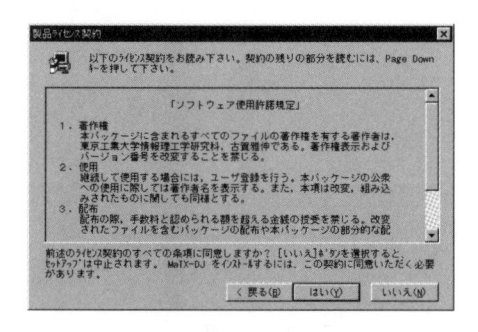

図 **2.21**　ライセンス契約

## 2.3　WINDOWS 95/98/NT(DJGPP) 版

そして，ボタン「次へ」をクリックする。ライセンス契約 (図 2.21) が表示されるので目を通す。

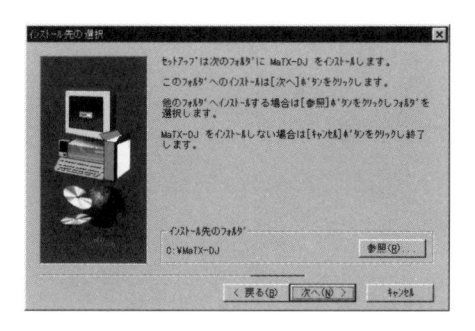

図 2.22　インストール先の選択

ライセンス契約に同意する場合は，ボタン「はい」をクリックする[注6]。インストール先を選択するウィンドウ (図 2.22) が表示される。

図 2.23　デフォルトのインストール先を変更

デフォルトのインストール先を変更する場合は，ボタン「参照」をクリックしディレクトリを指定する (図 2.23)。

---

[注6]「いいえ」ボタンを選択すると，インストールは中止される。

2 インストール

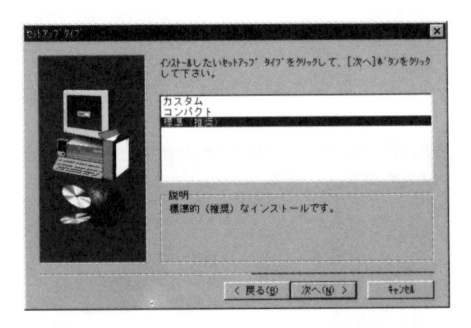

図 **2.24** セットアップタイプの選択

インストール先を選択したら，ボタン「次へ」をクリックする。セットアップタイプを選択するウィンドウ (図 2.24) が開く。

図 **2.25** プログラムフォルダの選択

適当なセットアップタイプを選択する。通常は標準タイプを選択する。ボタン「次へ」をクリックする。MATX のアイコンを追加するプログラムフォルダを選択するウィンドウ (図 2.25) が開く。

デフォルトのプログラムフォルダ MaTX-DJ を選択する。ボタン「次へ」をクリックすると，ファイルのコピーが始まる。ファイルのコピーが終了すると，セットアップ完了のウィンドウ (図 2.26) が開く。ボタン「完了」をクリックし，コンピュータを再起動する。

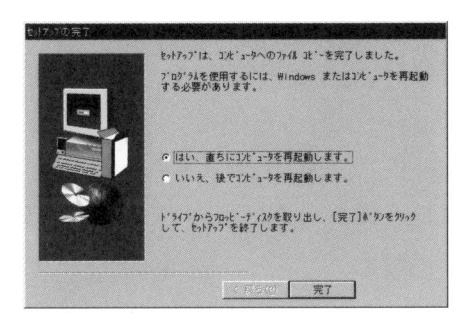

2.3 WINDOWS 95/98/NT(DJGPP) 版

図 **2.26** セットアップの完了

## 2.3.4 起動と終了

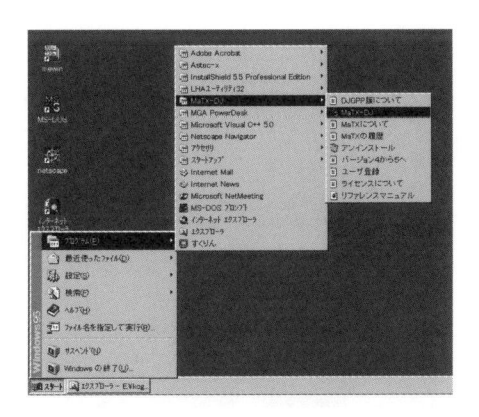

図 **2.27** M$_A$TX の起動

確認のためインタプリタを起動する。インタプリタを起動するには，図 2.27 に示すように，「スタート」→「プログラム」→「MaTX-DJ」→「MaTX-DJ」メニューを選択する。

インタプリタ (matx) が起動し，ウィンドウ (図 2.28) が開く。 MaTX (1) はインタプリタのプロンプトであり，これが表示されているときは，インタプリタが入力を受け付ける準備ができていることを意味する。

インタプリタを終了するには，コマンド quit を

2 インストール

図 2.28 M${}_A$TX のプロンプト

  MaTX (1) *quit*

のように入力 (最後にリターンキー Return が必要) する。

## 2.3.5 デモの実行

 デモを実行するには，コマンド demo を

  MaTX (1) *demo*

のように入力 (最後にリターンキー Return が必要) する。デモを選択するメニュー

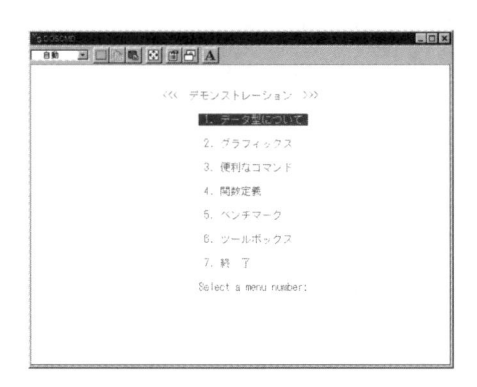

図 2.29 デモの選択メニュー

(図 2.29) が開く。矢印キー ($\boxed{\uparrow}$ と $\boxed{\downarrow}$) で項目を移動し，リターンキー $\boxed{\texttt{Return}}$ を入力する。デモを終了するには「終了」を選択する。

## 2.3.6 アンインストール

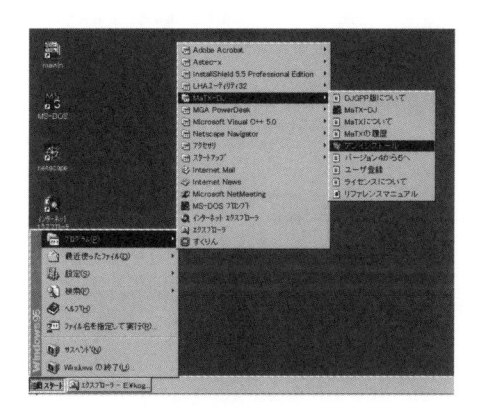

図 **2.30** M$_A$TX のアンインストール

M$_A$TX をアンインストールするには，図 2.30 に示すように，「スタート」→「プログラム」→「MaTX-DJ」→「アンインストール」メニューを選択する。

図 **2.31** ファイルの削除の確認

すると，ファイル削除の確認のウィンドウ (図 2.31) が開く。ボタン「はい」をクリックすると，関連するすべてのファイルが削除される。ファイルの削除が終了すると，アンインストールが完了したというメッセージが表示される (図 2.32) ので，ボタン「OK」をクリックする。

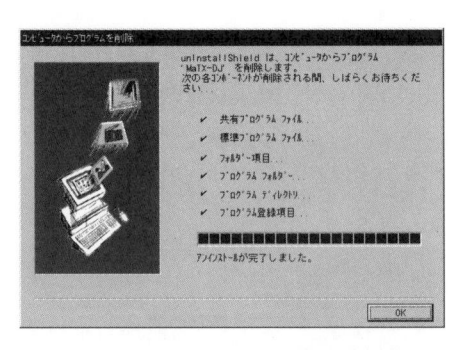

図 **2.32** ファイルの削除の完了

## 2.4 UNIX 互換 OS 版

表 2.5 に UNIX 互換 OS 版を使用するために必要なリソース (環境) を示す。ただし，インタプリタ (matx) は C コンパイラがなくても使用できる。なお，プロッ

表 **2.5** UNIX 互換 OS 版の使用に必要なリソース

| OS | 表 1.1 参照 |
|---|---|
| C プリプロセッサ | OS 付属のもの，または GNU の gcc |
| C コンパイラ | OS 付属のもの，または GNU の gcc |
| プロットツール | gnuplot version 3.5(pre 3.6) 以降 |

トツール gnuplot は，パッケージと共に配布されるファイル MaTX-util.tar に含まれる。そして，gnuplot のソースファイルは，gnuplot のホームページ

　　http://www.cs.dartmouth.edu/gnuplot_info.html

または，gnuplot+ のホームページ

　　http://www.ipc.chiba-u.ac.jp/~yamaga/gnuplot+/

から入手できる。また，M$_A$TX の FTP サーバからも入手できる。以下の作業はすべて root で行う。

### 2.4.1 ディレクトリ構成

パッケージに含まれる主な内容を表 2.6 に示す。

表 2.6 UNIX 用 M$_A$TX のディレクトリ構成

| ディレクトリ | ファイル | 説 明 |
|---|---|---|
| bin<br>実行<br>ファイル | matx<br>matc<br>matp<br>mated | インタプリタ<br>コンパイラ<br>行列表示プログラム<br>行列エディタ |
| lib<br>ライブラリ | libMaTX.a<br>libmxmat.a<br>libmxgra.a<br>libmxctr.a<br>libmxsig.a | M$_A$TX ランタイムライブラリ<br>行列演算ライブラリ<br>グラフィックライブラリ<br>制御系解析設計ライブラリ<br>信号処理ライブラリ |
| include<br>ヘッダ<br>ファイル | matrix.h<br>poly.h<br>rational.h<br>list.h<br>complex.h<br>estring.h<br>util.h<br>matxrc.h<br>matxgval.h | 行列ヘッダファイル<br>多項式ヘッダファイル<br>有理多項式ヘッダファイル<br>リストヘッダファイル<br>複素数ヘッダファイル<br>文字列ヘッダファイル<br>ユーティリティヘッダファイル<br>ユーザ関数ヘッダファイル<br>大域変数ヘッダファイル |
| inputs<br><br>MM-<br>ファイル | MaTXRC.mm<br>MaTXOUT.mm<br>matx.hlp<br>matrix/*.mm<br>control/*.mm<br>signal/*.mm<br>graph/*.mm | スタートアップファイル<br>クイットファイル<br>ヘルプファイル<br>行列演算 MM-ファイル<br>制御系解析設計 MM-ファイル<br>信号処理 MM-ファイル<br>グラフィック MM-ファイル |

## 2.4.2 インストール (RedHat 系 Linux)

RedHat 系 Linux(RedHat Linux, Turbo Linux, Vine) 用には RPM パッケージ(注7)

```
ftp://ftp.matx.org/pub/MaTX/Linux/Linux-2_x/redhat/RPMS
```

があり，インストーラで簡単にインストールできる。パッケージの名前は

```
MaTX-V.xxx+V.yyy-z.i386.rpm
```

である。V.xxx がパッケージに含まれるコンパイラ (matc) のバージョンを，V.yyy がインタプリタ (matx) のバージョンをそれぞれ意味する。RPM パッケージをインストールするには gnuplot のパッケージが必要である。gnuplot+のホームページ

```
http://www.ipc.chiba-u.ac.jp/~yamaga/gnuplot+/
```

---

(注7)谷口康明氏が作成した RPM パッケージ。

から機能拡張パッチとSRPMが，MATXのFTPサーバ

 ftp://ftp.matx.org/pub/MaTX/Linux/Linux-2_x/util

からRPMが入手できる．コマンド rpm を

 % rpm –Uvh gnuplot-3.7+1.1.8-4.i386.rpm

のように使用すれば，gnuplotをインストールできる．

 コマンド rpm を

 % rpm –Uvh MaTX–V.xxx+V.yyy–z.i386.rpm

のように使用すれば，MATXをインストールできる．また，コマンド rpm を

 % rpm –e MaTX

のように使用すれば，パッケージをアンインストールできる．最後に，2.4.5節の環境変数の設定をする．

## 2.4.3 インストール (Solaris)

Solaris用にはパッケージ[注8]

 ftp://ftp.matx.org/pub/MaTX/Sun/Sparc/Solaris-2_x/   (Sparc用)
 ftp://ftp.matx.org/pub/MaTX/Sun/X86/Solaris-2_x/   (X86用)

があり，インストーラで簡単にインストールできる．パッケージの名前は

 MaTX-V.xxx+V.yyy-PKG.gz

である．V.xxx がパッケージに含まれるコンパイラ (matc) のバージョンを，V.yyy がインタプリタ (matx) のバージョンをそれぞれ意味する．パッケージを入手したら，まず，ファイルを解凍する必要がある．ただし，付属のCD-ROMにはパッケージは解凍された状態で収録されているので，この作業は必要ない．コマンド gzip を

---

[注8] 清田洋光氏が作成したパッケージ．

```
% gzip –d MaTX–V.xxx+V.yyy–PKG.gz
% ls
MaTX-V.xxx+V.yyy-PKG
```

のように使用して，ファイルを解凍する．次に，コマンド pkgadd を

```
% pkgadd –d MaTX–V.xxx+V.yyy–PKG
```

のように使用すれば，パッケージをインストールできる．また，コマンド pkgrm を

```
% pkgrm MaTX
```

のように使用すれば，パッケージをアンインストールできる．最後に，2.4.5 節の環境変数の設定をする．

## 2.4.4 インストール (その他の UNIX 互換 OS)

通常，パッケージは tar ファイルを gzip で圧縮したファイルとして配布されている．パッケージの名前は

```
MaTX-V.xxx+V.yyy.tgz
```

である．V.xxx がパッケージに含まれるコンパイラ (matc) のバージョンを，V.yyy がインタプリタ (matx) のバージョンをそれぞれ意味する．

パッケージを入手したら，まず，ファイルを解凍する必要がある．ただし，付属の CD-ROM にはパッケージは解凍された状態で収録されているので，この作業は必要ない．コマンド gzip を

```
% gzip –d MaTX–V.xxx+V.yyy.tgz
% ls
MaTX-V.xxx+V.yyy.tar
```

のように使用して，ファイルを解凍する．次に，インストールするディレクトリへ tar ファイルを移動し，そのディレクトリへ cd する．ここでは，ディレクトリ /usr/local にインストールする例を示す．

```
% mv MaTX–V.xxx+V.yyy.tar /usr/local
% cd /usr/local
```

そして，tar ファイルを

 % tar xvf MaTX–V.xxx+V.yyy.tar

のように展開する。すると，ディレクトリ/usr/local/MaTX の下に bin, lib, include, inputs などのディレクトリができ，その下にいろいろなファイルが展開される。アンインストールするには，/usr/local/MaTX 以下のファイルを削除する。最後に，2.4.5節の環境変数の設定をする。

## 2.4.5 環境変数の設定

パッケージをインストールした後，環境変数を設定(.login, .cshrc, .bashrc を変更) する。

- PATH に M$_A$TX をインストールしたディレクトリの bin (例えば/usr/local/MaT を加える。csh の場合，.cshrc に以下を加える。

    ```
    set path = ( $path /usr/local/MaTX/bin )
    ```
    bash の場合，.bash_profile に以下を加える。

    ```
    PATH=$PATH:/usr/local/MaTX/bin
    export PATH
    ```

- 日本語に対応させるため LANG を (ja, japanese, ja_JP*[注9]) に設定する。csh の場合，.login または.cshrc に以下を加える。

    ```
    setenv LANG ja_JP.ujis
    ```
    bash の場合，.bash_profile に以下を加える。

    ```
    LANG=ja_JP.ujis
    export LANG
    ```

- MATXDIR に M$_A$TX をインストールしたディレクトリ (例えば/usr/local/MaTX) を設定する。csh の場合，.login または.cshrc に以下を加える。

    ```
    setenv MATXDIR /usr/local/MaTX
    ```
    bash の場合，.bash_profile に以下を加える。

---

[注9] ja_JP で始まる任意の文字列。

```
MATXDIR=/usr/local/MaTX
export MATXDIR
```

## 2.4.6 起動と終了

インタプリタを起動するには，シェルのプロンプトで次に示すように matx と入力する[注10]。

% *matx*

```
MaTX Interpreter (matx)
Unix version 5.0.0
last modified Thu Jul 15 18:51:44 JST 1999
Copyright (C) 1989-1999, Masanobu Koga

Send bugs and comments to matx@matx.org
Type 'quit' to exit, 'help' for functions, 'demo' for demonstration.

MaTX (50)
```

MaTX (1) はインタプリタ (matx) のプロンプトであり，これが表示されているときは，インタプリタが入力を受け付ける準備ができていることを意味する。

インタプリタを終了するには，コマンド quit を

 MaTX (1) *quit*

のように入力 (最後にリターンキー Return が必要) する[注11]。

## 2.4.7 デモの実行

デモを実行するには，コマンド demo を

 MaTX (1) *demo*

のように入力 (最後にリターンキー Return が必要) する。すると，次に示すメニューが表示される。

---

[注10] matx: Command not found. と表示される場合，2.4.5節の環境変数 PAHT の設定を確認し，新しいシェルを起動する。
[注11] 本書では，簡単のため M$_A$TX のプロンプトを >> で表す。

```
        <<<   デモンストレーション   >>>
              1．データ型について
              2．グラフィックス
              3．便利なコマンド
              4．関数定義
              5．ベンチマーク
              6．ツールボックス
              7．終　了

        Select a menu number:
```

矢印キー (　↑　と　↓　) で項目を移動し，リターンキー Return を入力する。デモを終了するには「終了」を選択する。

## 2.5　ベンチマーク

デモに含まれるベンチマークで計算機の能力を測定することができる。デモのメニューからベンチマークを選択すると，ベンチマークが起動する。ベンチマークプログラムは以下の6個のテストを行う。テストに要した時間がそれぞれ規格化され，幾何平均した値が総合評価となる。

1　実行列 $(200 \times 200)$ の乗算
2　実行列 $(200 \times 200)$ の逆行列
3　実行列 $(150 \times 150)$ の固有値
4　$2^{17}(= 131072)$ 個の複素データの FFT
5　100000 回の FOR ループ (行列成分代入)
6　ODE 関数による線形系シミュレーション 1.0[s]

テストが終了すると，表 2.7 のような評価結果が表示される。いろいろな計算機

表 2.7　ベンチマーク測定結果の例 [秒]:

| 乗算 | 逆行列 | 固有値 | FFT | for | ODE | 総合 |
|---|---|---|---|---|---|---|
| 0.26 | 0.34 | 0.31 | 0.66 | 0.29 | 0.60 | 10.50 |

のベンチマーク結果が表示されるので，使用する計算機の能力を比較できる。リストにない計算機環境でベンチマークを行った場合，

`matx-info@matx.org`
まで，結果を連絡すると，ベンチマークリストに追加される。

# 第 3 章

# 基本的な使い方

## 3.1 初めに知っておくべきこと

M$_A$TX は C(C++), Pascal, Fortran のように変数や値の型を区別して扱う。型を区別せずに扱えることは便利であるが，処理に要するメモリが多くなったり，処理時間が長くなることがある。常に適切な型を選択し，M$_A$TX を使うよう心がけることが大切である。M$_A$TX はいろいろな演算を行列 (ベクトル) に対して高速に計算するよう設計されている。行列に対しては成分ごとに演算するのではなく，できる限り行列 (ベクトル) レベルでアルゴリズムを考えるべきである。

### 3.1.1 起動と終了

M$_A$TX のインタプリタ (matx) を起動するには Windows 95/98/NT では M$_A$TX のアイコンをクリックするかスタートメニューから M$_A$TX を選択すればよい。ウィンドウが開きインタプリタのプロンプト `MaTX (1)` が表示される。プロンプトに続く行のことをコマンドラインと呼ぶ。あるいは，DOS プロンプト (DOS 窓) のコマンドラインから

```
C:> matx
```

のように入力してもよい。ただし、C:> は DOS のプロンプトである。通常 UNIX ではシェルのコマンドラインで matx と入力するとインタプリタが起動する。UNIX での matx の起動の様子を次に示す。

% *matx*

```
MaTX Interpreter (matx)
Unix version 5.0.0
last modified Thu Jul 15 18:51:44 JST 1999
Copyright (C) 1989-1999, Masanobu Koga

Send bugs and comments to matx@matx.org
Type 'quit' to exit, 'help' for functions, 'demo' for demonstration.

MaTX (1)
```

ただし、% はシェルのプロンプトである。matx を終了するにはコマンドラインで

　　MaTX (1) *quit*

のように quit(あるいは exit) と入力すればよい[注1]。今後、簡単のため matx のプロンプトを >> で表す。

## 3.1.2　ヘルプ機能

ヘルプ機能を使えば、コマンドや関数について必要な情報を見ることができる。コマンドラインで

　　>> *help*

と入力すればコマンドと関数の一覧が表示される。初めに組込み関数 (M$_A$TX 内部に C 言語で実装された関数)、次にユーザ関数 (M$_A$TX 言語で記述された関数) が機能 (カテゴリ) 別に表示される。コマンド help の後に関数名やコマンド名を指定し

　　>> *help eig*

のようにすれば詳しい説明が表示される。

---

[注1] exit(1) で M$_A$TX の終了コードを1に設定できる。

3.1 初めに知っておくべきこと

ユーザー関数については，それぞれの関数が定義されたファイルの先頭が参照される．また，コマンド who, what, which はそれぞれ，変数，関数，ファイルの情報を表示する．

### 3.1.3　変数と関数の情報

変数や関数の名前の最初はアルファベットあるいはアンダースコア "_" でなければならない．そのあとはアルファベット，数字，アンダースコアが使える．M$_A$TX は任意の長さの文字を識別し，大文字と小文字を区別する．ただし OS(Operating System) によってはファイル名の制限があるので，**MM-ファイル**[注2]との関連を考慮し，関数名を決めた方がよい．インタプリタ (matx) では，作業中に M$_A$TX に登録されている変数はコマンド who により表示できる．

```
>> who
PI, PID, EPS, Inf, NaN, ans
```

このとき，ans(最後の計算結果を保存する変数) や EPS(機種精度 (machine epsilon))[注3]，π(PI)，UNIX の場合は，PID(プロセス ID) などの定数も表示される．現在の変数の型やサイズを表示するにはコマンド whos を使う．

```
>> whos
        Name      Class       Size(Value)

        PI        Re_Number   3.14159
        PID       Integer     520
        EPS       Re_Number   2.22045e-16
        Inf       Re_Number   Inf
        NaN       Re_Number   NaN
        ans       Re_Number   0
```

### 3.1.4　変数の保存

M$_A$TX を終了すると登録されていた変数は消去される．コマンド save を

---

[注2] 第 11 章参照．
[注3] M$_A$TX は実数を C 言語の double 型で保存するので，EPS $= 2.0^{-52} \approx 2.22045 \times 10^{-16}$ である．

>> *save*

のように使用すると，登録されたすべての変数がファイル `MaTX.mm` に保存される。`afo.mm` という名前で保存するには

>> *save "afo.mm"*

のように入力する。また，変数 A, B, C をファイル `foo.mm` に保存するには

>> *save A, B, C, "foo.mm"*

のように `save` の後に変数とファイルをカンマ","で区切って並べる。保存した変数は，

>> *load*           // save に対応
>> *load "afo.mm"*   // save "afo.mm"に対応
>> *load "foo.mm"*   // save A,B,C,"afo.mm"に対応

と入力すれば読み込むことができる[注4]。なお，ファイル名は文字列で表現するためダブルクォーテーションで囲む。(//以降はコメントを表す。)

## 3.1.5 コマンドライン編集

ここで，コマンドラインの編集機能や履歴機能について説明する。インタプリタ (matx) を対話的に使う場合，この機能を用いると入力編集がとても簡単に行える。

コマンドライン編集機能のキーバインディングを表 3.1 に示す。 C-C は， Ctrl キーを押したまま C キーを同時に押すことを意味する。

matx の終了時に，履歴は作業ディレクトリのファイル (.matx_history) に保存され，起動時に自動的に読み込まれる。すなわち，前回のセッションの履歴を利用できる。オプション -nohist を使えば履歴機能を無効にできる。また，コマンドラインの先頭で C-H を入力すると，すべての履歴が番号と共に表示される。例えば，

---

[注4] 詳しくは 14.1 節参照。

## 3.1 初めに知っておくべきこと

**表 3.1** コマンドライン編集機能のキーバインディング

| 機能 | キー1 | キー2 |
|---|---|---|
| 左移動 | C-B | ← |
| 右移動 | C-F | → |
| 前のコマンド | C-P | ↑ |
| 後のコマンド | C-N | ↓ |
| 行の始め | C-A | |
| 行の終り | C-E | |
| 1文字を削除 | C-D | DEL |
| 前の1文字を削除 | C-H | BS |
| 履歴を表示(行の先頭で) | C-H | |
| 行末まで削除 | C-K | |
| 削除した文字列を出力 | C-Y | |
| 画面のクリア | C-L | |
| 画面の再表示 | C-R | |

```
MaTX (1) a = 1;
MaTX (2) b = 2;
MaTX (3) c = a + b;
MaTX (4)
```

のように入力し，4番目のコマンドラインの先頭で C-H を入力すると

```
MaTX (1) a = 1;
MaTX (2) b = 2;
MaTX (3) c = a + b;
MaTX (4)
    1  a = 1;
    2  b = 2;
    3  c = a + b;
MaTX (4)
```

のような表示が出力される．

```
>> !n
```

のようにすれば，番号 n の履歴を直接利用できる．例えば，

```
>> !2
```

のように入力すれば，b = 2; が実行される．また，

>> !n1:n2

とすれば，番号 n1 から番号 n2 までの履歴をまとめて指定できる．例えば，

>> !1:3

のように入力すれば，a = 1; b = 2; c = a + b; が実行される．履歴の長さなどを設定する環境変数を表 3.2 に示す．

表 3.2 履歴の設定

| 環境変数名 | 目的 | デフォルト |
|---|---|---|
| MATX_HISTSIZE | 履歴の長さ | 50 |
| MATX_HISTFILESIZE | ファイルに保存する長さ | 50 |
| MATX_HISTFILE | 履歴を保存するファイル | .matx_history |

### 3.1.6 OS のコマンドを実行する

インタプリタ (matx) のコマンドラインで，先頭の 1 文字目が ! で 2 文字目が数字でなければ，その行はそのままシェルにわたされる．したがって，UNIX の場合，

>> ! ls

のように入力すると，コマンド ls が起動され，現在のディレクトリのファイルのリストが表示される．また，Windows の場合，

>> ! dir

のように入力すると，現在のディレクトリのファイルのリストが表示される．

### 3.1.7 結果を保存する変数 ans

コマンドラインでは，最後に評価された結果が変数 ans に保存される．以下に例を示す．

```
>> 1 + 2 + 3
ans = 6
>> ans * ans
ans = 36
```

## 3.1.8 式の途中で改行する

コマンドラインでは改行が特別な意味をもつので，式の中で改行できる所が限られる。二項演算子の直後，関数呼び出しの引数並びのカンマ","の直後で改行できる。次の例では，+ 演算子の直後で改行している。

```
>> a = 3 * 4 + 5 * 6 +
   7 * 8 + 9 * 10
a = 188
```

## 3.2 スカラ型のデータ

M$_A$TX では**整数** (Integer)，**実数** (Real)，**複素数** (Complex) を用い数値を表現する。これらを**スカラ型**のデータと呼ぶ。$1 \times 1$ の行列はスカラ型のデータではなく，あくまで行列として処理される[注5]。すなわち，スカラ型のデータは任意のサイズの行列 (ベクトル) にかけることができるが，$1 \times 1$ の行列は行ベクトルや列ベクトルにしかかけられない。

### 3.2.1 整数，実数，複素数

1 は整数であり，1.0 は実数である。整数の割算では切捨てが行われるので，3/2 は 1.5 ではなく 1 となる。また，実数はすべて倍精度 (C 言語の double) で計算される。

複素数は，一対の整数または実数をカンマ","で区切って丸括弧（ と ）で囲み表現する。例えば a = 2 + 3$i$ は

```
>> a = (2,3)
a = (2,3)
```

---

[注5] Matlab は $1 \times 1$ の行列をスカラとみなす。

あるいは，虚数単位 i を定義し，

```
>> i = (0,1);
>> a = 2 + 3*i
a = (2,3)
```

のように記述する。複素数の計算結果は (2,3) のように画面に出力される。実部または虚部だけを指定し，もう一方にコロン : を指定して複素数を記述することができる。例えば，(:,2) は $2i$ を意味する。複素数の実部と虚部は，関数 Re() と Im() で取り出せる。

```
>> Re(a)
ans = 2
>> Im(a)
ans = 3
```

### 3.2.2　多項式と有理式多項式

M$_A$TX は1変数の**多項式** (Polynomial) と**有理多項式** (Rational) を扱える。係数が複素数である**複素多項式** (CoPolynomial) と**複素有理多項式** (CoRational) も同様に扱える。

多項式は多項式変数を定義し，その変数を用いて記述する[注6]。例えば，

```
>> s = Polynomial("s");
```

で多項式変数 s を定義し，

```
>> p = s^2 + 3*s + 2
p = s^2 + 3 s + 2
```

のように多項式を記述する。複素係数の多項式は，

```
>> pc = (1,2)*s + (3,4)
pc = (1,2) s + (3,4)
```

のように係数を複素数で表現するか，

---

[注6] 第17章参照。

```
>> pc = (s + 3, 2*s + 4)
pc = (1,2) s + (3,4)
```

のように一対の実係数の多項式を用い記述する。

有理多項式は多項式の割算として記述する。例えば，有理多項式

$$r = \frac{s+1}{s^2 + 3s + 2}$$

を入力するには，

```
>> r = (s + 1)/(s^2 + 3*s + 2)
        s + 1
r = ---------------
      s^2 + 3 s + 2
```

とする。多項式や有理多項式の変数名には，多項式変数の定義で用いた文字が出力される[注7]。

## 3.3 行列型のデータ

**行列型**は複数のスカラ型のデータを1次元的または2次元的に保存する。行列型のデータには，**行列** (Matrix)，**配列** (Array)，**指数** (Index) がある。指数は整数を保存する場所であり[注8]，部分行列の取り出しや代入といった操作に使われる[注9]。

行列と配列の成分は実数，複素数，多項式，有理多項式のいずれかである。行列の成分が複素数のとき**複素行列** (CoMatrix)，多項式のとき**多項式行列** (PoMatrix)，有理多項式のとき**有理多項式行列** (RaMatrix) となる。配列の成分が複素数のとき**複素配列** (CoArray)，多項式のとき**多項式配列** (PoArray)，有理多項式のとき**有理多項式配列** (RaArray) となる。

行列と配列のデータ構造はまったく同じであるが[注10]，行列の演算では通常の

---

[注7] 出力される変数名を変更することができる。17.1節参照。
[注8] 実際には，最も近い整数に丸められた実数として保存される。
[注9] 6.3.2節参照。
[注10] 行列型のデータの区別はインタプリタとコンパイラが行い，適切な演算が行われる。

行列演算が行われるのに対し，配列の演算では配列の各成分に対して演算が行われ，各成分の演算結果を成分とする配列が演算結果となる．

なお，計算の途中で一時的に行列を配列として扱う**配列演算子** .*, ./, .\, .^ やスカラ型と行列型の演算において，スカラ型データをその値で満たされた行列とみなす演算子 .+ と .- がある．

## 3.3.1 簡単なベクトルと行列の入力

行ベクトルを入力するには，成分をスペースあるいはカンマ"，"で区切って並べ，ブラケット [ と ] で囲む．例えば1×3の行ベクトルを入力するには次のように入力する．

```
>> A = [1 2 3]
=== [A] : ( 1, 3) ===
             ( 1)            ( 2)            ( 3)
   ( 1)   1.00000000E+00  2.00000000E+00  3.00000000E+00
```

マイナス符合をもつ成分は，

```
>> A = [1, -2 3];
=== [A] : ( 1, 3) ===
             ( 1)            ( 2)            ( 3)
   ( 1)   1.00000000E+00 -2.00000000E+00  3.00000000E+00
```

のようにカンマで区切らなければならない．そうしないと，前の成分との差として処理される．行列を入力するには数個の行ベクトルを並べ，ブラケット [ と ] で囲む．例えば，3×3の行列を入力するには次のように入力する．

```
>> A = [[1 2 3][4 5 6][7 8 0]]
=== [A] : ( 3, 3) ===
             ( 1)            ( 2)            ( 3)
   ( 1)   1.00000000E+00  2.00000000E+00  3.00000000E+00
   ( 2)   4.00000000E+00  5.00000000E+00  6.00000000E+00
   ( 3)   7.00000000E+00  8.00000000E+00  0.00000000E+00
```

あるいは，

```
>> A = [[1 2 3]
        [4 5 6]
        [7 8 0]];
```

のように行ごとに書いてもよい。ステートメント (文) の最後にセミコロン ; を付けると結果が画面に表示されない。

&gt;&gt; *A = [[1 2 3][4 5 6][7 8 0]];*

大きな行列を入力する場合は，**行列エディタ**が便利である (第 9 章参照)。

&gt;&gt; *read A*

### 3.3.2　行列成分の操作

行列の各成分は成分のインデックス (番号) を丸括弧に入れた式を使って参照する。行列 A の 1 行 1 列成分を変数 a11 に代入するには

&gt;&gt; *a11 = A(1,1)*
a11 = 1

とし，変数 a11 を行列 A の 3 行 3 列に代入するには

&gt;&gt; *A(3,3) = a11;*

とする。

## 3.4　文字列

**文字列** (String) は，文字の列を二重引用符 " と " で囲んで記述する[注11]。タブと改行は \t と \n で入力し，逆スラッシュと二重引用符は，\\ と \" のように入力する。文字列は + 演算子で

&gt;&gt; *"Hello" + " " + "world" + "\n"*
Hello world

のように結合できる。

---

[注11] 第 16 章参照。

## 3.5 リスト

**リスト** (List) は任意の型の値を 1 次元的に保存する。リストは成分をカンマ ","で区切って並べ，大括弧 { と } で囲んで記述する[注12]。例えば，

```
>> x = {4, (3,4), [1 2]}
x = {4, (3,4), MATRIX}
```

により，成分が整数，複素数，行列であるリストが x に代入される。リストの成分は

```
>> {a, b, c} = x;
>> print a,b,c
a = 4
b = (3,4)
=== [c] : (  1,  2) ===
                (  1)            (  2)
(  1)   1.00000000E+00   2.00000000E+00
```

のようにして取り出すことができる。この例では，a には整数 4，b には複素数 (3,4)，c には行列 [1 2] が代入される。

## 3.6 数値と表現式

M$_A$TX は通常の 10 進表記を使う。例えば，

```
7    -33    0.1    -3.1    4.5e2    6.7E3
```

ここで，4.5e2 と 6.7E3 はそれぞれ e と E を使ったべき乗表記であり[注13]，$4.5 \times 10^2$ と $6.7 \times 10^3$ を意味する。

数字の 0(ゼロ) 以外の数字で始まる数字の列は **10 進数**を表し，0 または O で始まる数字の列は **8 進数**を，数字のゼロとエックス 0x または 0X で始まる数字の列は **16 進数**をそれぞれ表す。例えば，

```
0(8)    010(8)    0100(64)    0xA(10)    0x10(16)    0xff(255)
```

---

[注12] 第 18 章参照。
[注13] e と E は等価である。

ただし，括弧内の数値は 10 進数での値である。

式の表現には通常の算術法則と次の算術演算子を使う。+ 和，- 差，* 積，/ 右からの商，\ 左からの商，^ べき。商は行列に使うとき区別しなければならない。また，丸括弧を使い計算の順序を指定できる。

特別な定数 Inf は無限大を意味し，0 で割り算すると生じる。また，定数 NaN は Not a Number を意味し，Inf/Inf や 0/0 によって生じる。

## 3.7 複素数表現

複素数と同様に，複素多項式，複素有理多項式，複素行列も

>> s = Polynomial("s");
>> p = (s+1, s+2);
>> r = ((s+1)/(s+2), 1/(s+1));
>> m = ([1 2], [3 4]);

のように記述できる。これらの表現を**複素数表現**という。

## 3.8 型変換について

通常，型の異なるデータの演算では，暗黙の型変換が行われるが，明示的に型変換しなければならない場合がある[注14]。例えば，

>> A = [2];
>> B = A * [[1 2][3 4]];
A(1x1) * (2x2) : Inconsistent size in MatMul().

で，[2] は $1 \times 1$ の行列なので次の行列との乗算はエラーとなる。$1 \times 1$ の行列から (1,1) 成分を取り出し，

>> A = [2];
>> B = A(1,1) * [[1 2][3 4]]
=== [B] : ( 2, 2) ===

---

[注14] 詳細は 13.2 節参照。

```
             (  1)             (  2)
(  1)   2.00000000E+00   4.00000000E+00
(  2)   6.00000000E+00   8.00000000E+00
```

のように記述しなければならない。行列の成分ごとに乗算を行うには配列演算子 .* を用いてもよいが，一時的に行列を配列に型変換し，次のように記述してもよい。

```
>> A = [[1 2][3 4]];  B = [[5 6][7 8]];
>> C = A .* B
=== [C] : (  2,  2) ===
             (  1)             (  2)
(  1)   5.00000000E+00   1.20000000E+01
(  2)   2.10000000E+01   3.20000000E+01
>> D = Array(A) * Array(B)
=== [D] : (  2,  2) ===
             (  1)             (  2)
(  1)   5.00000000E+00   1.20000000E+01
(  2)   2.10000000E+01   3.20000000E+01
```

の結果CとDは一致する。整数，実数，複素数，多項式は型変換関数 String() で文字列に変換できる。例えば，

```
>> i = 20 * 20;
>> messge = "20 * 20 = " + String(i)
messge = 20 * 20 = 400
```

で，整数は文字列に変換される。多くの場合，型の名前と同じ関数により型変換できる。

## 3.9 関数

MATX は科学技術計算に必要な多くの関数を提供する。提供される関数は，C言語で実装された**組込み関数**と MATX 言語で記述された**ユーザ定義関数**に分けられる。通常，ユーザ定義関数は拡張子が .mm のファイルに保存され，そのファイルは **MM-ファイル**と呼ばれる[注15]。

---

[注15] 詳細は第11章参照。

## 3.9.1 組込み関数

M$_A$TX は多くの古典的解析関数を提供する。いくつかの関数を組み合わせて作られた関数や複数の値を返す関数もある。例えば，

>> $u = log(1 + cos(v))$;
>> $\{val, vec\} = eig(A)$;
>> $\{y, i\} = maximum(x)$;

2番目の関数 eig() は行列 A の固有値 val と固有ベクトル vec を返し，3番目の関数 maximum() はベクトル x の成分の最大値 y と最大となる成分のインデックス(番号)i を返す。

## 3.9.2 ユーザ定義関数

ユーザ定義関数は M$_A$TX 言語で記述される。M$_A$TX 言語の文法は非常に C 言語の文法に似ている。例えば，与えられた実数ベクトルの成分の平均値を計算する関数 my_mean() は次のようになる。

```
Func void my_mean(x)
    Matrix x;
{
    Integer i, n;
    Real s;

    n = length(x);
    s = 0;
    for (i = 1; i <= n; i++) {
        s = s + x(i);
    }
    printf("ans = %g\n", s/n);
}
```

C 言語の関数によく似ていることがわかる。成分の和を求める組込み関数 sum() と値を表示するコマンド print を用いれば，次のように変更できる。

```
Func void my_mean(x)
    Matrix x;
{
    print sum(x)/length(x);
}
```

行列 (ベクトル) に対しては成分ごとに演算するのではなく，C 言語で実装された組込み関数を使い，行列 (ベクトル) レベルでアルゴリズムを考える方が効率がよい．

## 3.10　グラフィックス

グラフを表示するには，`mgplot` 関数群を用いる[注16]．

---

[注16] 第 12 章参照．

# 第4章

# 行列演算の基本

M$_A$TX は行列演算をできるだけ簡単に記述できるよう設計されている。教科書や論文に載っているのと同じように記述すれば，計算できる。

## 4.1 行列の和と差

行列の和と差はスカラ (実数や複素数) の演算と同様に

```
>> A = [[1 2 3][4 5 6][7 8 0]];
>> B = [[8 1 6][3 5 7][4 9 2]];
>> A + B
=== [ans] : (  3,  3) ===
              (    1)           (    2)           (    3)
(  1)   9.00000000E+00   3.00000000E+00   9.00000000E+00
(  2)   7.00000000E+00   1.00000000E+01   1.30000000E+01
(  3)   1.10000000E+01   1.70000000E+01   2.00000000E+00
>> A - B
=== [ans] : (  3,  3) ===
              (    1)           (    2)           (    3)
(  1)  -7.00000000E+00   1.00000000E+00  -3.00000000E+00
(  2)   1.00000000E+00   0.00000000E+00  -1.00000000E+00
(  3)   3.00000000E+00  -1.00000000E+00  -2.00000000E+00
```

のように記述できる。行列のサイズが異なると実行が停止し，エラーメッセージが表示される。

## 4.2 行列の積

行列の積はスカラ (実数や複素数) の演算と同様に

```
>> A * B
=== [ans] : (   3,   3) ===
                  (   1)              (   2)              (   3)
(   1)   2.60000000E+01   3.80000000E+01   2.60000000E+01
(   2)   7.10000000E+01   8.30000000E+01   7.10000000E+01
(   3)   8.00000000E+01   4.70000000E+01   9.80000000E+01
```

のように記述できる。行列のサイズが適当でない (A の列数と B の行数が一致しない) と実行が停止し，エラーメッセージが表示される。

## 4.3 行列の商 (逆行列)

逆行列を単独に計算するには

```
>> Ai = A~
=== [Ai] : (   3,   3) ===
                  (   1)              (   2)              (   3)
(   1) -1.77777778E+00   8.88888889E-01  -1.11111111E-01
(   2)  1.55555556E+00  -7.77777778E-01   2.22222222E-01
(   3) -1.11111111E-01   2.22222222E-01  -1.11111111E-01
```

のように演算子 ~ を用いるか

```
>> Ai = inv(A);
```

のように関数 inv() を用いる。行列が正則でないか非正則に近いとき，警告メッセージが表示されるが，計算は継続される。

行列の商は右からの商 $AB^{-1}$

```
>> A / B
=== [ans] : (   3,   3) ===
                  (   1)              (   2)              (   3)
(   1) -3.33333333E-02   4.66666667E-01  -3.33333333E-02
(   2)  1.66666667E-01   6.66666667E-01   1.66666667E-01
(   3)  5.41666667E-01  -8.33333333E-01   1.29166667E+00
```

と左からの商 $A^{-1}B$

```
>> A \ B
=== [ans] : (  3,  3) ===
                (  1)            (  2)            (  3)
(  1) -1.20000000E+01   1.66666667E+00  -4.66666667E+00
(  2)  1.10000000E+01  -3.33333333E-01   4.33333333E+00
(  3) -6.66666667E-01   6.95816861E-17   6.66666667E-01
```

がある。左からの商 A \ B は AX = B の解 X であり，方程式の数と未知数の数が一致しない1次連立方程式に対し，最小二乗の意味での解を与える。

## 4.4　行列の累乗

正方行列の累乗は

>> A ^ p;

のように記述する。p は整数でなければならない。p が負の整数のとき，A ^ p は

>> inv(A) ^ (–p);

を意味し，p = 0 のとき A ^ p は単位行列となる。

## 4.5　転置行列と複素共役転置行列

転置行列を求めるには，演算子 ' を用い

```
>> A'
=== [ans] : (  3,  3) ===
                (  1)            (  2)            (  3)
(  1)  1.00000000E+00   4.00000000E+00   7.00000000E+00
(  2)  2.00000000E+00   5.00000000E+00   8.00000000E+00
(  3)  3.00000000E+00   6.00000000E+00   0.00000000E+00
```

のように，または関数 trans() を用い

>> trans(A);

のように入力する。対象の行列が複素行列の場合でも，複素共役転置行列ではなく転置行列が得られる[注1]。

---

[注1] Matlab は，複素共役転置行列を求める。

## 4 行列演算の基本

複素共役行列は関数 conj() を用い

```
>> C = (A,B);
>> conj(C)
=== [C] : (  3,  3) ===
          [ (  1)-Real  (  1)-Imag ]  [ (  2)-Real  (  2)-Imag ]
(  1)    1.0000000+00  8.0000000+00    2.0000000+00  1.0000000+00
(  2)    4.0000000+00  3.0000000+00    5.0000000+00  5.0000000+00
(  3)    7.0000000+00  4.0000000+00    8.0000000+00  9.0000000+00
          [ (  3)-Real  (  3)-Imag ]
(  1)    3.0000000+00  6.0000000+00
(  2)    6.0000000+00  7.0000000+00
(  3)    0.0000000+00  2.0000000+00
```

のように記述する。ただし，(A,B) は複素行列 $A+Bj$ を意味する[注2]。

複素共役転置行列を求めるには

```
>> C = (A,B);
>> C#
=== [ans] : (  3,  3) ===
          [ (  1)-Real  (  1)-Imag ]  [ (  2)-Real  (  2)-Imag ]
(  1)    1.0000000+00 -8.0000000+00    4.0000000+00 -3.0000000+00
(  2)    2.0000000+00 -1.0000000+00    5.0000000+00 -5.0000000+00
(  3)    3.0000000+00 -6.0000000+00    6.0000000+00 -7.0000000+00
          [ (  3)-Real  (  3)-Imag ]
(  1)    7.0000000+00 -4.0000000+00
(  2)    8.0000000+00 -9.0000000+00
(  3)    0.0000000+00 -2.0000000+00
```

のように演算子 # を用いる。行列が実行列の場合，A# は A の転置行列となる。

---

[注2] 3.7 節参照。

# 第 5 章

# 配列演算の基本

　配列演算は信号処理やデータ処理に役立つ。配列の演算では配列の各成分に対して演算が行われ，各成分の演算結果を成分とする配列が演算結果となる。配列演算を用いれば，成分ごとの繰り返し処理を簡単に記述できる。

## 5.1　配列型データの演算

### 5.1.1　配列の入力

　配列は行列と同様に入力し，型変換関数 `Array()` で配列に変換する。

&gt;&gt; $A = Array([[1\ 2\ 3][4\ 5\ 6][7\ 8\ 9]]);$
&gt;&gt; $B = Array([[8\ 1\ 6][3\ 5\ 7][4\ 9\ 2]]);$

### 5.1.2　配列の和と差

　配列の和と差は行列の和と同じである。

&gt;&gt; $A + B;$
&gt;&gt; $A - B;$

5 配列演算の基本

## 5.1.3 配列の積

配列の積を計算するには行列の積と同様に演算子 * を用いる。成分ごとに乗算が行われ，各成分の乗算結果を成分とする配列が演算結果となる。

```
>> A * B
=== [ans] : (  3,  3) ===
              (    1)          (    2)          (    3)
(  1)    8.00000000E+00   2.00000000E+00   1.80000000E+01
(  2)    1.20000000E+01   2.50000000E+01   4.20000000E+01
(  3)    2.80000000E+01   7.20000000E+01   1.80000000E+01
```

2つの配列のサイズが異なると実行が停止し，エラーメッセージが表示される。配列の積は交換可能であり，AB = BA である。

## 5.1.4 配列の商 (逆)

配列の逆[注1]を求めるには，演算子 ~ または関数 inv() を用いる。

```
>> inv(A)
=== [ans] : (  3,  3) ===
              (    1)          (    2)          (    3)
(  1)    1.00000000E+00   5.00000000E-01   3.33333333E-01
(  2)    2.50000000E-01   2.00000000E-01   1.66666667E-01
(  3)    1.42857143E-01   1.25000000E-01   1.11111111E-01
```

配列の商は行列の商と同様に右からの商

```
>> A / B
=== [ans] : (  3,  3) ===
              (    1)          (    2)          (    3)
(  1)    1.25000000E-01   2.00000000E+00   5.00000000E-01
(  2)    1.33333333E+00   1.00000000E+00   8.57142857E-01
(  3)    1.75000000E+00   8.88888889E-01   4.50000000E+00
```

と左からの商

```
>> A \ B
=== [ans] : (  3,  3) ===
              (    1)          (    2)          (    3)
(  1)    8.00000000E+00   5.00000000E-01   2.00000000E+00
(  2)    7.50000000E-01   1.00000000E+00   1.16666667E+00
(  3)    5.71428571E-01   1.12500000E+00   2.22222222E-01
```

---

[注1] 各成分の逆数を成分とする配列。

がある. 右からの商は右の配列の逆を左の配列にかけることを意味し, 左からの商は左の配列の逆を右の配列にかけることを意味する.

## 5.1.5　配列の累乗

配列の累乗は

```
>> A ^ B
=== [ans] : ( 3, 3) ===
          (   1)           (   2)           (   3)
(   1)   1.00000000E+00   2.00000000E+00   7.29000000E+02
(   2)   6.40000000E+01   3.12500000E+03   2.79936000E+05
(   3)   2.40100000E+03   1.34217728E+08   8.10000000E+01
```

のように記述する.

- A が配列で, B がスカラ型 (整数, 実数, 複素数) のとき, 配列 A の成分ごとに A(i,j)^B が計算される.
- A がスカラ型 (整数, 実数, 複素数) で, B が配列のとき, 配列 B の成分ごとに A^B(i,j) が計算される.
- A と B が配列のとき, 成分ごとに A(i,j)^B(i,j) が計算される. 配列 A と B のサイズが異なると, 実行が停止し, エラーメッセージが表示される.

## 5.1.6　配列の転置と配列の複素共役転置

配列の転置は行列の転置と同様に演算子 ' を用い

```
>> A';
```

のように, または, 関数 trans() を用い

```
>> trans(A);
```

のように記述する. また, 配列の複素共役は関数 conj() を用い

```
>> conj(A);
```

のように記述し, 複素共役転置は

```
>> A#;
```

と書く. 実配列の複素共役転置は転置と等しい.

表 5.1　配列の関係演算

| 関係演算子 | 意味 |
|---|---|
| < | より小さい |
| <= | より小さいか等しい |
| > | より大きい |
| >= | より大きいか等しい |
| == | 等しい |
| != | 等しくない |

## 5.1.7　配列の関係演算

配列を**関係演算子** <, <=, >=, >, ==, != を用い比較すると，成分ごとに比較が行われ，結果は 1(真) または 0(偽) を成分とする配列となる。関係演算子の意味を表 5.1 に示す。例えば，大小の比較は

```
>> A = Array([3 1 2]);  B = Array([1 2 3]);
>> A < B
=== [ans] : (  1,  3) ===
              (  1)              (  2)              (  3)
(  1)   0.00000000E+00   1.00000000E+00   1.00000000E+00
```

のように記述する。

- A が配列で，B がスカラ型 (整数，実数，複素数) のとき，配列 A の成分ごとに比較 A(i,j) < B が行われ，結果は 1(真) または 0(偽) を成分とする配列となる。
- A がスカラ型 (整数，実数，複素数) で，B が配列のとき，配列 B の成分ごとに比較 A < B(i,j) が行われ，結果は 1(真) または 0(偽) を成分とする配列となる。
- A と B が配列のとき，成分ごとに比較 A(i,j) < B(i,j) が行われ，結果は 1(真) または 0(偽) を成分とする配列となる。配列 A と B のサイズが異なると，実行が停止し，エラーメッセージが表示される。

次の式は -A の成分が正である (0 より大きい) か調べようとして書かれているが，

```
>> print 0<-A;
```

表 5.2 配列の論理演算

| 論理演算子 | 意味 |
|---|---|
| && | かつ (and) |
| \|\| | または (or) |
| ! | 否定 (not) |

< と - の間にスペースがないのでまとめて演算子 <- 解釈され[注2]，文法エラーになる。< と - の間にスペースを入れると意図通りに解釈される。

## 5.1.8 配列の論理演算

配列の論理演算には**論理演算子** &&，||，! を用いる。成分ごとに演算が行われ，結果は 1(真) または 0(偽) を成分とする配列となる。論理演算子の意味を表 5.2 に示す。例えば，論理積は

```
>> A = Array([1 0 1]);  B = Array([1 0 0]);
>> A && B
=== [ans] : (  1,  3) ===
                (  1)             (  2)             (  3)
(  1)   1.00000000E+00   0.00000000E+00   0.00000000E+00
```

のように記述する。

- A が配列で，B がスカラ型 (整数，実数) のとき，配列 A の成分ごとに演算 A(i,j) && B が行われ，結果は 1(真) または 0(偽) を成分とする配列となる。
- A がスカラ型 (整数，実数) で，B が配列のとき，配列 B の成分ごとに演算 A && B(i,j) が行われ，結果は 1(真) または 0(偽) を成分とする配列となる。
- A と B が配列のとき，成分ごとに演算 A(i,j) && B(i,j) が行われ，結果は 1(真) または 0(偽) を成分とする配列となる。配列 A と B のサイズが異なると，実行が停止し，エラーメッセージが表示される。

---

[注2] 14.2.1 節参照。

### 5.1.9 論理関数

関数 any() と all() は便利な論理演算関数である。配列 A に対し，any(A) は A に少なくとも1つ0でない成分がある場合には1(真)となり，すべての成分が0の場合は0(偽)となる。all(A) は A のすべての成分が0でない場合に限り1(真)となり，少なくとも1つ0の成分がある場合は0(偽)となる。関数 any_col() と all_col() は列ごとに判定し，結果は行ベクトルとなる。関数 any_row() と all_row() は行ごとに判定し，結果は列ベクトルとなる。

## 5.2 行列の配列演算

計算の途中で一時的に行列を配列として扱う**配列演算子** .*, ./, .\, .^ を用いれば，型変換関数 Array() で配列に変換せずに，成分ごとの演算ができる。

### 5.2.1 行列の配列積

行列の配列積[注3]には演算子 .* を用いる。

```
>> A = [[1 2 3][4 5 6][7 8 9]];
>> B = [[8 1 6][3 5 7][4 9 2]];
>> A .* B
=== [ans] : (  3,  3) ===
                (   1)            (   2)            (   3)
(   1)   8.00000000E+00   2.00000000E+00   1.80000000E+01
(   2)   1.20000000E+01   2.50000000E+01   4.20000000E+01
(   3)   2.80000000E+01   7.20000000E+01   1.80000000E+01
```

行列の成分ごとの積の結果を成分とする行列が演算結果となる。行列 A と B のサイズが異なると，実行が停止し，エラーメッセージが表示される。

### 5.2.2 行列の配列商

行列の配列逆[注4]には演算子 .~ を用いる。

---

[注3] 各成分の積を成分とする行列。
[注4] 各成分の逆数を成分とする行列。

5.2 行列の配列演算

```
>> A.~
=== [ans] : ( 3, 3) ===
              ( 1)            ( 2)            ( 3)
(  1)   1.00000000E+00  5.00000000E-01  3.33333333E-01
(  2)   2.50000000E-01  2.00000000E-01  1.66666667E-01
(  3)   1.42857143E-01  1.25000000E-01  1.11111111E-01
```

行列の成分ごとの逆数を成分とする行列が演算結果となる。

配列商[注5]は行列の商と同様に右からの商

```
>> A ./ B
=== [ans] : ( 3, 3) ===
              ( 1)            ( 2)            ( 3)
(  1)   1.25000000E-01  2.00000000E+00  5.00000000E-01
(  2)   1.33333333E+00  1.00000000E+00  8.57142857E-01
(  3)   1.75000000E+00  8.88888889E-01  4.50000000E+00
```

と左からの商

```
>> A .\ B
=== [ans] : ( 3, 3) ===
              ( 1)            ( 2)            ( 3)
(  1)   8.00000000E+00  5.00000000E-01  2.00000000E+00
(  2)   7.50000000E-01  1.00000000E+00  1.16666667E+00
(  3)   5.71428571E-01  1.12500000E+00  2.22222222E-01
```

がある。右からの商は成分ごとにA(i,j)/B(i,j)を計算し，左からの商は成分ごとにB(i,j)/A(i,j)を計算する。そして，各成分の演算結果を成分とする行列が演算結果となる。行列AとBのサイズが異なると，実行が停止し，エラーメッセージが表示される。

### 5.2.3 行列の配列累乗

行列の配列累乗[注6]は

```
>> A .^ B
=== [ans] : ( 3, 3) ===
              ( 1)            ( 2)            ( 3)
(  1)   1.00000000E+00  2.00000000E+00  7.29000000E+02
(  2)   6.40000000E+01  3.12500000E+03  2.79936000E+05
(  3)   2.40100000E+03  1.34217728E+08  8.10000000E+01
```

---

[注5] 各成分の商を成分とする行列。
[注6] 各成分の累乗を成分とする行列。

表 5.3 行列の配列関係演算

| 関係演算子 | 意味 |
|---|---|
| .< | より小さい |
| .<= | より小さいか等しい |
| .> | より大きい |
| .>= | より大きいか等しい |
| .== | 等しい |
| .!= | 等しくない |

のように記述する．

- A が行列で，B がスカラ型 (整数，実数，複素数) のとき，行列 A の成分ごとに A(i,j)^B が計算される．
- A がスカラ型 (整数，実数，複素数) で，B が行列のとき，行列 B の成分ごとに A^B(i,j) が計算される．
- A と B が行列のとき，成分ごとに A(i,j)^B(i,j) が計算される．行列 A と B のサイズが異なると，実行が停止し，エラーメッセージが表示される．

### 5.2.4 行列の配列関係演算

行列を**配列関係演算子** .<, .<=, .==, .!=, .>=, .> を用い比較すると，成分ごとに比較が行われ，結果は 1(真) または 0(偽) を成分とする配列となる．行列の配列関係演算子の意味を表 5.3 に示す．例えば，大小の比較は

```
>> A = [3 1 2]; B = [1 2 3];
>> A .< B
=== [ans] : ( 1, 3) ===
              ( 1)            ( 2)            ( 3)
( 1)  0.00000000E+00  1.00000000E+00  1.00000000E+00
```

のように記述する．

- A が行列で，B がスカラ型 (整数，実数，複素数) のとき，行列 A の成分ごとに比較 A(i,j) < B が行われ，結果は 1(真) または 0(偽) を成分とする配列となる．
- A がスカラ型 (整数，実数，複素数) で，B が行列のとき，行列 B の各成分ごとに比較 A < B(i,j) が行われ，結果は 1(真) または 0(偽) を成分とす

表 5.4 行列の配列論理演算

| 論理演算子 | 意味 |
|---|---|
| .&& | かつ (and) |
| .\|\| | または (or) |
| .! | 否定 (not) |

る配列となる。

- A と B が行列のとき，各成分ごとに比較 A(i,j) < B(i,j) が行われ，結果は 1(真) または 0(偽) を成分とする配列となる。行列 A と B のサイズが異なると，実行が停止し，エラーメッセージが表示される。

また，等号 .== と不等号 .!= については，多項式と有理多項式を含めたすべての型に適用できる。例えば，

```
>> s = Polynomial("s");
>> [s^2 + 1, s] .== s
=== [ans] : (  1,  2) ===
                (  1)              (  2)
(  1)   0.00000000E+00   1.00000000E+00
```

のように用いる。ただし，[s^2+1,s] は $1 \times 2$ の多項式行列である。行列 A と B のサイズが異なると，実行が停止し，エラーメッセージが表示される。

## 5.2.5 行列の配列論理演算

行列の配列論理演算には**配列論理演算子** .&&, .||, .! を用いる。成分ごとに演算が行われ，結果は 1(真) または 0(偽) を成分とする配列となる。配列論理演算子の意味を表 5.4 に示す。例えば，

```
>> A = [1 0 1]; B = [1 0 0];
>> A .&& B
=== [ans] : (  1,  3) ===
                (  1)              (  2)              (  3)
(  1)   1.00000000E+00   0.00000000E+00   0.00000000E+00
```

のように記述する。

5　配列演算の基本

- A が行列で，B がスカラ型 (整数，実数) のとき，行列 A の成分ごとに演算 A(i,j) && B が行われ，結果は 1(真) または 0(偽) を成分とする配列となる．
- A がスカラ型 (整数，実数) で，B が行列のとき，行列 B の成分ごとに演算 A && B(i,j) が行われ，結果は 1(真) または 0(偽) を成分とする配列となる．
- A と B が行列のとき，成分ごとに演算 A(i,j) && B(i,j) が行われ，結果は 1(真) または 0(偽) を成分とする配列となる．行列 A と B のサイズが異なると，実行が停止し，エラーメッセージが表示される．

## 5.3　行列型とスカラ型の演算

　スカラ型と行列型の演算において，スカラ型のデータをその値で満たされた行列とみなす演算子 .+ と .- がある．例えば，

```
>> A = [1 2 3];  B = 2;
>> A .+ B
=== [ans] : (  1,   3) ===
                (   1)              (   2)              (   3)
(  1)  3.00000000E+00   4.00000000E+00   5.00000000E+00
>> A .- B
=== [ans] : (  1,   3) ===
                (   1)              (   2)              (   3)
(  1) -1.00000000E+00   0.00000000E+00   1.00000000E+00
```

について，A が行列型 (行列，配列，指数) で，B がスカラ型 (整数，実数，複素数，多項式，有理多項式) のとき，B はその値で満たされた行列型に変換され，通常の演算が行われる．

# 第6章

# 行列成分の操作

　本章では，行列のインデックス指定機能について説明する。インデックス指定機能により行列型のデータの行や列，あるいは成分や部分行列を自由に操作できる。

## 6.1　成分の参照と代入

　行列の成分を参照するには，行列の名前の次に行番号と列番号をカンマ"，"で区切って丸括弧（と）で囲む。

```
>> A = [[1 2 1][3 4 0][0 0 1]];
>> A(1,1)
ans = 1
>> A(3,3) = 5;
```

ベクトルの成分を参照するには，行または列の番号を指定する。

```
>> x = [3 2 1];
>> x(3)
ans = 1
>> x(2) = 4;
```

行列についてインデックスを1個だけ指定すると,行方向に数えた成分を意味する[注1]。次の例では,A(5) は,A(2,2) を意味する。

```
>> A = [[1 2 1][3 4 0][0 0 1]];
>> A(5)
ans = 4
```

## 6.2 行と列の参照と代入

行または列のインデックスにコロン : を使うと,行列のある列や行を参照したり代入したりできる。例えば,A(3,:) は行列 A の第3行ベクトルであり,A(:,2) は行列 A の第2列ベクトルである。

```
>> A = [[1 2 1][3 4 0][0 0 1]];
>> A(3,:)
=== [ans] : (  1,  3) ===
              (   1)           (   2)           (   3)
(   1)  0.00000000E+00   0.00000000E+00   1.00000000E+00
>> A(:,2) = [4 5 6]';
>> A
=== [A] : (  3,  3) ===
              (   1)           (   2)           (   3)
(   1)  1.00000000E+00   4.00000000E+00   1.00000000E+00
(   2)  3.00000000E+00   5.00000000E+00   0.00000000E+00
(   3)  0.00000000E+00   6.00000000E+00   1.00000000E+00
```

## 6.3 部分行列の参照と代入

行列のある部分 (部分行列) を簡潔に参照する方法を説明する。代入に関して,左辺の行列の大きさが指定されたインデックスより小さいとき,自動的に拡大される。ただし,左辺の行列の指定されたインデックスと右辺の行列の大きさは一致しなければならない。

---

[注1] MATX は C 言語で記述されているためメモリのアクセスは行方向のほうが効率がよい。

## 6.3.1　区間指定による方法

行と列の区間をコロン : を使って部分行列を指定できる。例えば，A(3,1:2) は行列 A の第 3 行の始めの 2 列の部分行列である。

```
>> A = [[1 2 1][3 4 0][0 0 1]];
>> A(3,1:2)
=== [ans] : (  1,  2) ===
                (   1)            (   2)
(  1)   0.00000000E+00   0.00000000E+00
```

同様に，A(1:2,2:3) は第 1 行から第 2 行の 2 行と第 2 列から第 3 列までの 2 列の部分行列である。

```
>> A(1:2,2:3) = [[1 2][3 4]];
>> print A
=== [A] : (  3,  3) ===
                (   1)            (   2)            (   3)
(  1)   1.00000000E+00   1.00000000E+00   2.00000000E+00
(  2)   3.00000000E+00   3.00000000E+00   4.00000000E+00
(  3)   0.00000000E+00   0.00000000E+00   1.00000000E+00
```

## 6.3.2　指数を用いる方法

指数型 (Index) を用いれば，行列から任意の成分を取り出し，任意の順に並べた行列を作ったり，行列に任意の順で成分を代入できる。例えば，

```
>> A = [[1 2 3][4 5 6][7 8 9]];
>> A(Index([1 3]), :)
=== [ans] : (  2,  3) ===
                (   1)            (   2)            (   3)
(  1)   1.00000000E+00   2.00000000E+00   3.00000000E+00
(  2)   7.00000000E+00   8.00000000E+00   9.00000000E+00
```

では，行列 A の第 1 行と第 3 行を参照し，

```
>> A(Index([1 3]), 2:3) = [[1 2][3 4]];
>> A
=== [A] : (  3,  3) ===
                (   1)            (   2)            (   3)
(  1)   1.00000000E+00   1.00000000E+00   2.00000000E+00
(  2)   4.00000000E+00   5.00000000E+00   6.00000000E+00
(  3)   7.00000000E+00   3.00000000E+00   4.00000000E+00
```

では，行列 A の第 1 行と第 3 行，第 2 列から第 3 列の部分行列を参照する．

そして，X が n 次元ベクトルで V が n 次元指数とすると，X(V) は，

[X(V(1)), X(V(2)), X(V(3)), ..., X(V(n))]

となる．また，代入式において両辺で指数を使うと，もっと複雑なことができる．

&gt;&gt; *A(:, Index([3 5 10])) = B(:, 1:3);*

によって，行列 A の 3 列，5 列，10 列に行列 B の最初の 3 列が代入される．もっと一般的に，もし v と w が指数なら，

&gt;&gt; *A(v, w);*

は，v と w の成分を行番号と列番号としてもつ A の成分からなる部分行列を意味する．したがって，

&gt;&gt; *A(:, n:–1:1);*

は，行列 A の列の順番を逆にした行列である．

### 6.3.3 (0|1) 配列を用いる方法

関係 (論理) 演算の結果生成される (0|1) 配列を用い部分行列を参照できる．ただし，(0|1) 配列の代わりに成分が 0 と 1 の行列を用いることはできない．ベクトル A から負の成分を取り去る例を次に示す．

```
>> A = [–1, 1, –2, 2];
>> L = A .> 0
=== [L] : ( 1, 4) ===
            ( 1)            ( 2)            ( 3)            ( 4)
(  1)  0.000000E+00    1.000000E+00    0.000000E+00    1.000000E+00
>> B = A(L)
=== [B] : ( 1, 2) ===
            ( 1)            ( 2)
(  1)  1.000000E+00    2.000000E+00
```

ここで，L は関係演算の結果作られる 0 と 1 からなる配列である．ベクトル A の正の成分だけが B に代入される．次に示すように L を用いずに直接正の成分を取り出すこともできる．

## 6.3 部分行列の参照と代入

```
>> B = A(A .> 0)
=== [B] : (   1,   2) ===
                 (   1)            (   2)
(   1)   1.0000000E+00   2.0000000E+00
```

関数 find() を使って指数を求めてから，正の成分を取り出してもよい．

```
>> idx = find(A .> 0)
=== [idx] : (   1,   2) ===
                 (   1)            (   2)
(   1)   2.0000000E+00   4.0000000E+00
>> B = A(idx)
=== [B] : (   1,   2) ===
                 (   1)            (   2)
(   1)   1.0000000E+00   2.0000000E+00
```

関数 find() は与えられたベクトルから 0 でない成分の指数 (Index) を返す．次に，A の負の成分の符合を反転する例を示す．

```
>> A = [–1, 1, –2, 2];
>> L = A .< 0
=== [L] : (   1,   4) ===
              (   1)         (   2)         (   3)         (   4)
(   1)   1.000000E+00   0.000000E+00   1.000000E+00   0.000000E+00
>> B = –A(L)
=== [B] : (   1,   2) ===
                 (   1)            (   2)
(   1)   1.000000E+00   2.000000E+00
>> A(L) = B;
>> A
=== [A] : (   1,   4) ===
              (   1)         (   2)         (   3)         (   4)
(   1)   1.000000E+00   1.000000E+00   2.000000E+00   2.000000E+00
```

次のように，L を用いないで直接負の成分の符合を反転することもできる．

```
>> A = [–1, 1, –2, 2];
>> A(A .< 0) = –A(A .< 0);
>> A
=== [A] : (   1,   4) ===
              (   1)         (   2)         (   3)         (   4)
(   1)   1.000000E+00   1.000000E+00   2.000000E+00   2.000000E+00
```

関数 find() を使って指数を求めてから，負の成分の符合を反転してもよい．

```
>> A = [-1, 1, -2, 2];
>> idx = find(A .< 0);
>> A(idx) = -A(idx)
>> A
=== [A] : ( 1, 4) ===
              (   1)            (   2)            (   3)            (   4)
(   1)   1.000000E+00    1.000000E+00    2.000000E+00    2.000000E+00
```

## 6.4　成分の削除

代入式の左辺に削除するインデックスを指定し，右辺に空行列[注2]を用いれば，左辺の行列から行単位あるいは列単位で成分を削除できる．

```
>> A = [[1 2 3][4 5 6][7 8 9]];
>> A(1,:) = [];
>> A
=== [A] : ( 2, 3) ===
              (   1)            (   2)            (   3)
(   1)   4.00000000E+00    5.00000000E+00    6.00000000E+00
(   2)   7.00000000E+00    8.00000000E+00    9.00000000E+00
>> A(:,2:3) = [];
>> print A
=== [A] : ( 2, 1) ===
              (   1)
(   1)   4.00000000E+00
(   2)   7.00000000E+00
```

この例では，行列 A の第 1 行が削除され，次に第 2 列目から第 3 列目が削除される．

## 6.5　ブロック行列の参照と代入

行列 A を等間隔[注3]に縦，横に分割し，小さい**副行列 (sub-matrix)** からできていると考えた方が便利なことが多い．このような場合，A をブロック行列 (block

---

[注2] 7.13 節参照．
[注3] 一般には分割の間隔は任意であるが，ここでは等間隔の場合のみを考える．

matrix) という．

$$A = \begin{bmatrix} A_{11} & A_{12} & \cdots & A_{1n} \\ A_{21} & A_{22} & \cdots & A_{2n} \\ \vdots & \vdots & & \vdots \\ A_{m1} & A_{m2} & \cdots & A_{mn} \end{bmatrix}$$

ブロック行列は，ある大きさの行列の2次元配列とみなすこともできる．本書では，この基本となる小さな行列を**ピース行列**と呼ぶ．なお，大きさの異なる行列をまとめて保存するにはリスト[注4]を利用する．

## 6.5.1 成分の参照と代入

ブロック行列のブロック成分を参照するには，行列の名前の次に行番号，列番号，そしてピース行列と同じ大きさの行列をカンマ"，"で区切って丸括弧（と）で囲む[注5]．

```
>> A = [[1 2][3 4]];
>> AA = [[0 0 0 0 0 0][0 0 0 0 0 0][0 0 0 0 0 0][0 0 0 0 0 0]];
>> AA(1,1,A) = [[1 2][3 4]];
>> AA(2,3,A) = [[5 6][7 8]];
```

によって，

$$\mathtt{AA} = \begin{bmatrix} 1 & 2 & & & & \\ 3 & 4 & & \mathtt{Z(2)} & & \mathtt{Z(2)} \\ & & & & & \\ \mathtt{Z(2)} & & \mathtt{Z(2)} & & 5 & 6 \\ & & & & 7 & 8 \end{bmatrix}$$

が得られる．ここで，A 行列は AA 行列のピース行列である．なお，始めの2行は零行列を作る関数 Z()[注6] を用いれば，

```
>> A = [[1 2][3 4]];
>> AA = Z(2,3,A);
```

---

[注4] 第18章参照．
[注5] バージョン4では番号は0から始まる．-v4 オプションでバージョン4互換となる．
[注6] 7.6節参照．

6 行列成分の操作

のように記述できる.

別の行列 B = [0] を AA 行列のピース行列として使い

```
>> B = [0];
>> AA(1,1,B) = [[1 2][3 4]];
>> AA(2,3,B) = [[5 6][7 8]];
```

とすると，

$$AA = \begin{bmatrix} 1 & 2 & 0 & 0 & 0 & 0 \\ 3 & 4 & 5 & 6 & 0 & 0 \\ 0 & 0 & 7 & 8 & 0 & 0 \\ 0 & 0 & 0 & 0 & 0 & 0 \end{bmatrix}$$

となる．通常のベクトル成分の参照[注7]と異なり，行番号と列番号の両方を指定しなければならない．

### 6.5.2 行と列の参照と代入

行または列のインデックスにコロン : を使うと，ブロック行列のある行や列を参照できる．例えば，AA(:,1,A) は行列 AA の第 1 列の (ブロック) 列であり，AA(2,:,A) は行列 AA の第 2 行の (ブロック) 行である．

```
>> A = [[1 2][3 4]];  AA = Z(2,3,A)
>> AA(1,1,A) = [[1 2][3 4]];  AA(2,3,A) = [[5 6][7 8]];
>> AA(:,1,A)
=== [ans] : ( 6, 2) ===
             ( 1)              ( 2)
(  1)    0.00000000E+00    0.00000000E+00
(  2)    0.00000000E+00    0.00000000E+00
(  3)    1.00000000E+00    2.00000000E+00
(  4)    3.00000000E+00    4.00000000E+00
(  5)    0.00000000E+00    0.00000000E+00
(  6)    0.00000000E+00    0.00000000E+00
>> AA(:,2,A) = [[1 2][3 4][5 6][7 8]];
>> AA(:,2,A)
=== [ans] : ( 6, 2) ===
             ( 1)              ( 2)
(  1)    1.00000000E+00    2.00000000E+00
```

---
[注7] 6.1 節参照．

```
(   2)    3.00000000E+00   4.00000000E+00
(   3)    5.00000000E+00   6.00000000E+00
(   4)    7.00000000E+00   8.00000000E+00
(   5)    0.00000000E+00   0.00000000E+00
(   6)    0.00000000E+00   0.00000000E+00
```

### 6.5.3 部分行列の参照と代入

ブロック行列のある部分(ブロック部分行列)を簡潔に参照する方法を説明する。代入に関して，左辺の行列の大きさが指定されたインデックスより小さいとき，自動的に拡大される。ただし，左辺の行列の指定されたインデックスと右辺の行列の大きさは一致しなければならない。

#### 6.5.3.1 区間指定による方法

行と列の区間をコロン : を使ってブロック部分行列を指定できる。例えば，AA(2,1:2,A) は行列 AA の第 2 行の始めの 2 列のブロック部分行列である。

```
>> A = [[1 2][3 4]];  AA = Z(2,3,A)
>> AA(1,1,A) = [[1 2][3 4]];  AA(2,3,A) = [[5 6][7 8]];
>> AA(1,1:2,A)
=== [ans] : (  2,  4) ===
              (   1)           (   2)           (   3)           (   4)
(   1)    1.0000000E+00   2.0000000E+00   0.0000000E+00   0.0000000E+00
(   2)    3.0000000E+00   4.0000000E+00   0.0000000E+00   0.0000000E+00
```

同様に， AA(1:2,2:3,A) は第 1 行から第 2 行の 2 行と第 2 列から第 3 列までの 2 列の部分行列である。

```
>> AA(1:2,2:3,A) = [[1 2 3 4][5 6 7 8][9 8 7 6][5 4 3 2]];
>> AA(1:2,2:3,A)
=== [ans] : (  4,  4) ===
              (   1)           (   2)           (   3)           (   4)
(   1)    1.0000000E+00   2.0000000E+00   3.0000000E+00   4.0000000E+00
(   2)    5.0000000E+00   6.0000000E+00   7.0000000E+00   8.0000000E+00
(   3)    9.0000000E+00   8.0000000E+00   7.0000000E+00   6.0000000E+00
(   4)    5.0000000E+00   4.0000000E+00   3.0000000E+00   2.0000000E+00
```

#### 6.5.3.2 指数を用いる方法

指数型 (Index) を用いブロック部分行列を参照できる。例えば，

>> AA(Index([1 3]), :, A);

では，行列 AA の第 1 行と第 3 行を参照し，

>> A = [[1 2][3 4]];  AA = Z(2,3,A)
>> AA(Index([1 3]), 2:3, A) = [[1 2 3 4][5 6 7 8][9 8 7 6][5 4 3 2]];
>> AA(Index([1 3]), 2:3, A)
=== [ans] : (  4,   4) ===
              (    1)         (    2)         (    3)         (    4)
(   1)   1.0000000E+00   2.0000000E+00   3.0000000E+00   4.0000000E+00
(   2)   5.0000000E+00   6.0000000E+00   7.0000000E+00   8.0000000E+00
(   3)   9.0000000E+00   8.0000000E+00   7.0000000E+00   6.0000000E+00
(   4)   5.0000000E+00   4.0000000E+00   3.0000000E+00   2.0000000E+00

では，行列 AA の第 1 行と第 3 行，第 2 列から第 3 列を参照する．そして，A が $n \times n$ 行列で，AA が $n \times n^2$ の行列の配列で，v が n 次元指数とすると，AA(v, 1, A) は，

[AA(v(1), 1, A), AA(v(2), 1, A), ..., AA(v(n), 1, A)];

となる．また，代入式において両辺で指数を使うと，もっと複雑なことができる．例えば，

>> AA(:, Index([3 5 10]), A) = BB(:, 1:3, A);

によって，行列の配列 AA の 3 列，5 列，10 列に行列 BB の 1-3 列が代入される．もっと一般的に，もし v と w が指数なら，

>> AA(v, w, A);

は，v と w の成分を行番号と列番号としてもつ AA のブロック成分からなる部分行列を意味する．したがって，

>> AA(:, n:–1:1, A);

は，行列の配列 AA の列の順番を逆にした行列である．

### 6.5.3.3  (0|1) 配列を用いる方法

関係 (論理) 演算の結果生成される (0|1) 配列を用いブロック部分行列を参照できる．例えば，次の例ではブロック行列 AA のブロック成分のうち 2-1 ブロック成

分，2-3 ブロック成分，4-1 ブロック成分，4-3 ブロック成分からなる部分ブロック行列が行列 C に代入される。

```
>> A = [0];
>> AA = [[1 2 3 4][5 6 7 8][9 8 7 6][5 4 3 2]];
>> P = [-1, 1,-2, 2];
>> Q = [ 1,-1, 2,-2];
>> Lp = P .> 0
=== [ans] : ( 1,  4) ===
                ( 1)            ( 2)            ( 3)            ( 4)
( 1)   0.0000000E+00   1.0000000E+00   0.0000000E+00   1.0000000E+00
>> Lq = Q .> 0
=== [Lq] : ( 1,  4) ===
                ( 1)            ( 2)            ( 3)            ( 4)
( 1)   1.0000000E+00   0.0000000E+00   1.0000000E+00   0.0000000E+00
>> C = AA(Lp, Lq, A)
=== [C] : ( 2,  2) ===
                ( 1)            ( 2)
( 1)   5.0000000E+00   7.0000000E+00
( 2)   5.0000000E+00   3.0000000E+00
```

### 6.5.4　成分の削除

代入式の左辺に削除するインデックスを指定し，右辺に空行列[注8]を用いれば，左辺の行列から行単位あるいは列単位で成分を削除できる。

```
>> A = [0];
>> AA = [[1 2 3 4][5 6 7 8][9 8 7 6][5 4 3 2]];
>> AA(1,:,A) = [];
>> AA
=== [AA] : ( 3,  4) ===
                ( 1)            ( 2)            ( 3)            ( 4)
( 1)   5.0000000E+00   6.0000000E+00   7.0000000E+00   8.0000000E+00
( 2)   9.0000000E+00   8.0000000E+00   7.0000000E+00   6.0000000E+00
( 3)   5.0000000E+00   4.0000000E+00   3.0000000E+00   2.0000000E+00
>> AA(:,2:3,A) = [];
=== [AA] : ( 3,  2) ===
                ( 1)            ( 2)
( 1)   5.0000000E+00   8.0000000E+00
( 2)   9.0000000E+00   6.0000000E+00
( 3)   5.0000000E+00   2.0000000E+00
```

---

[注8] 7.13 節参照。

この例は行列 AA の第 1 行を削除し，第 2 列目から第 3 列目を削除する。

## 6.6 行列の成分の代入に関する注意

成分の代入において，左辺の行列の大きさが指定されたインデックスより小さいとき，自動的に拡大される。ただし，自動拡大機能を繰り返し用いると処理時間が長くなり，メモリの使用効率も悪くなるので，あらかじめ必要な最大の行列を定義してから，成分の代入を行う方がよい。

複素行列には実数 (実行列) と複素数 (複素行列) を代入できるが，実行列には実数 (実行列) しか代入できない。有理多項式行列には多項式 (多項式行列) と有理多項式 (有理多項式行列) を代入できるが，多項式行列には多項式 (多項式行列) しか代入できない[注9]。

## 6.7 式行列の参照

行列の式をブラケット [ と ] で囲むことによって変数行列と同様に成分を取り出すことができる。ブラケットで囲まれた行列を**式行列**と呼ぶ。次の例は横ベクトル x と縦ベクトル y の積で得られる $1 \times 1$ 行列を式行列と見なし第 1-1 成分を取り出し，行列 A にかける。

```
>> x = [1 2 3 4];
>> y = [5 6 7 8]';
>> A = [[1 2][3 4]];
>> B = [x*y](1,1) * A
=== [B] : ( 2, 2) ===
              ( 1)           ( 2)
(  1)   7.00000000E+01   1.40000000E+02
(  2)   2.10000000E+02   2.80000000E+02
```

$1 \times 1$ の行列はスカラではなく行列として扱われるので，第 1-1 成分を取り出さないと，行列と行列の積とみなされ，エラーとなる。

---

[注9] 第 17 章参照。

式行列を用いることにより，意味のない中間変数を減らすことができる。ただし，式行列を入れ子的に多用するとプログラムが読みにくくなるので，注意する。

## 6.8 行列を構成する成分操作

ここでは，ある行列の成分を操作し別の行列を構成する方法を示す。

### 6.8.1 回転

関数 rot90() は，行列の成分を回転した行列を返す。rot90(A,k) は，行列の成分を反時計回りに k × 90°回転する。第 2 引数 k を省略すると k = 1 と見なされる。

```
>> A = [[1 2 3][4 5 6]];
>> rot90(A)
=== [ans] : (  3,  2) ===
                (    1)             (    2)
(    1)    3.00000000E+00    6.00000000E+00
(    2)    2.00000000E+00    5.00000000E+00
(    3)    1.00000000E+00    4.00000000E+00
```

### 6.8.2 左右反転

関数 fliplr() は，行列の成分を左右反転する。

```
>> A = [[1 2 3][4 5 6]];
>> fliplr(A)
=== [ans] : (  2,  3) ===
                (    1)             (    2)             (    3)
(    1)    3.00000000E+00    2.00000000E+00    1.00000000E+00
(    2)    6.00000000E+00    5.00000000E+00    4.00000000E+00
```

### 6.8.3 上下反転

関数 flipud() は，行列の成分を上下反転する。

```
>> A = [[1 2 3][4 5 6]];
>> flipud(A)
=== [ans] : ( 2, 3) ===
            (   1)             (   2)             (   3)
(   1)   4.00000000E+00   5.00000000E+00   6.00000000E+00
(   2)   1.00000000E+00   2.00000000E+00   3.00000000E+00
```

### 6.8.4　下三角部分

関数 tril() は，行列の (対角を含む) 下三角部分を取り出す．すなわち，上三角部分に 0 を代入した行列を返す．tril(A,k) は，k > 0 のとき主対角より上側 k 番目の対角以下の下三角行列を返し，k < 0 のとき主対角より下側 k 番目の対角以下の下三角行列を返す．

```
>> A = [[1 2 3][4 5 6]];
>> tril(A)
=== [ans] : ( 2, 3) ===
            (   1)             (   2)             (   3)
(   1)   1.00000000E+00   0.00000000E+00   0.00000000E+00
(   2)   4.00000000E+00   5.00000000E+00   0.00000000E+00
>> tril(A,1)
=== [ans] : ( 2, 3) ===
            (   1)             (   2)             (   3)
(   1)   1.00000000E+00   2.00000000E+00   0.00000000E+00
(   2)   4.00000000E+00   5.00000000E+00   6.00000000E+00
```

### 6.8.5　上三角部分

関数 triu() は，行列の (対角を含む) 上三角部分を取り出す．すなわち，下三角部分に 0 を代入した行列を返す．triu(A,k) は，k > 0 のとき主対角より上側 k 番目の対角以上の上三角行列を返し，k < 0 のとき主対角より下側 k 番目の対角以上の上三角行列を返す．

```
>> A = [[1 2 3][4 5 6]];
>> triu(A)
=== [ans] : ( 2, 3) ===
            (   1)             (   2)             (   3)
(   1)   1.00000000E+00   2.00000000E+00   3.00000000E+00
(   2)   0.00000000E+00   5.00000000E+00   6.00000000E+00
```

```
>> triu(A,1)
=== [ans] : (  2,  3) ===
                (  1)            (  2)            (  3)
(  1)   0.00000000E+00   2.00000000E+00   3.00000000E+00
(  2)   0.00000000E+00   0.00000000E+00   6.00000000E+00
```

## 6.8.6 転置

転置行列は演算子 ' または関数 trans() で得られる。

```
>> A = [[1 2 3][4 5 6]];
>> A'
=== [ans] : (  3,  2) ===
                (  1)            (  2)
(  1)   1.00000000E+00   4.00000000E+00
(  2)   2.00000000E+00   5.00000000E+00
(  3)   3.00000000E+00   6.00000000E+00
```

## 6.8.7 複素共役

複素共役行列は関数 conj() で得られる。

```
>> A = [[1 2][3 4]];  B = [[5 6][7 8]];
>> C = (A,B);
>> conj(C)
=== [ans] : (  2,  2) ===
           [ (  1)-Real   (  1)-Imag ]  [ (  2)-Real   (  2)-Imag ]
(  1)   1.0000000E+00 -5.0000000E+00   2.0000000E+00 -6.0000000E+00
(  2)   3.0000000E+00 -7.0000000E+00   4.0000000E+00 -8.0000000E+00
```

## 6.8.8 複素共役転置

複素共役転置行列は演算子 # で得られる。

```
>> A = [[1 2][3 4]];  B = [[5 6][7 8]];
>> C = (A,B);
>> C#
=== [ans] : (  2,  2) ===
           [ (  1)-Real   (  1)-Imag ]  [ (  2)-Real   (  2)-Imag ]
(  1)   1.0000000E+00 -5.0000000E+00   3.0000000E+00 -7.0000000E+00
(  2)   2.0000000E+00 -6.0000000E+00   4.0000000E+00 -8.0000000E+00
```

## 6.8.9 対角成分の操作

関数 diag_vec(A) は，引数がベクトルならその成分を対角成分とする対角行列を，引数が行列ならその主対角成分からなる縦ベクトルを返す．

```
>> A = [[1 2 3][4 5 6]];
>> x = diag_vec(A)
=== [x] : (  2,  1) ===
             (  1)
(  1)   1.00000000E+00
(  2)   5.00000000E+00
>> AA = diag_vec(x)
=== [AA] : (  2,  2) ===
             (  1)              (  2)
(  1)   1.00000000E+00   0.00000000E+00
(  2)   0.00000000E+00   5.00000000E+00
```

## 6.8.10 大きさの変更

行列の大きさは，関数 reshape() を使って変更することができる．ただし，変更前の行列の成分の数と変更後の行列の成分の数は一致しなければならない．行列の成分は左から右へ，上から下へ並べられる．

```
>> A = [1 2 3 4];
>> reshape(A, 2, 2)
=== [ans] : (  2,  2) ===
             (  1)              (  2)
(  1)   1.00000000E+00   2.00000000E+00
(  2)   3.00000000E+00   4.00000000E+00
```

# 第7章

# いろいろな行列

ここでは，いろいろな行列の記述方法について述べる。まず，基本的な行列の記述方法を紹介したのち，応用上便利な行列をつくる関数について述べる。

## 7.1 基本的な記述方法

小さな行列の最も簡単な記述方法は，行列の成分をスペース，タブ，改行，カンマ","のいずれかで区切って書き並べ，ブラケット[と]で囲むことである。ただし，マイナス単項演算子 − を含む成分は，カンマ","で区切るか，括弧で囲まなければならない。なお，A = []は，$0 \times 0$ の行列を意味する。ブラケット[と]は，行の始まりと終りを示すためにも使われる。各成分の間には，任意個のスペースと改行を挿入できるので，プログラムが読み易くなるよう記述できる。

一方，大きな行列は，小さな行列を成分として構成する。例えば，$3 \times 3$ の実行列は，

>> A = [[1 2 3][4 5 6][7 8 9]];

のように，あるいは，もっと自然な様式

```
>> A = [[1 2 3]
        [4 5 6]
        [7 8 9]]
```

で記述できる。

## 7.2 行列成分の変換規則

行列の成分は，以下の規則にしたがって変換される[注1]。
1. 整数はすべて実数に変換される。
2. 複素数又は複素行列が存在するとき，すべての成分は複素数に変換される。
3. 多項式又は多項式行列が存在するとき，すべての成分は多項式に変換される。
4. 有理多項式または有理多項式行列が存在するとき，すべての成分は有理多項式に変換される。

ただし，成分中に式がある場合，式の評価が行われた後，変換が行われる。次のような間違いを犯す可能性があるので，注意すること。

```
>> A = [1/2, 3/4, 4/5, 5/6];
```

この結果は，ユーザの予想に反して，$1 \times 4$ の零行列となる。望みの結果を得るには，

```
>> A = [1./2., 3./4., 4./5., 5./6.];
```

としなければならない。

## 7.3 行ベクトルと列ベクトル

成分をスペース，タブ，改行，カンマ "," のいずれかで区切って書き並べ，ブラケット [ と ] で囲むと行ベクトルが得られる。列ベクトルは，転置を意味する演算子 ' を利用する。

---

[注1] 例外として，成分がすべて文字列のとき，それらを結合した文字列に変換される。(Matlab との互換性のための規則であり，一般ユーザは使用すべきでない。)

```
>> x = [1 2 3];
>> y = [1 2 3]';
```

## 7.4　行列を成分とする行列

　式を成分とする大きな行列を構成できる．ただし，それぞれの式の計算結果の行列の大きさは，行列の成分として適当でなければならない．

```
>> A1 = [[1 2][3 4]];
>> A2 = [5 6]';
>> A3 = [7 8];
>> A4 = [9];
>> A5 = [[1 0][0 1]];
>> A6 = [1];
>> A7 = [[ A1, -A2*A6~*A2#]
         [-A5, -A1#          ]]
=== [A7] : ( 4, 4) ===
                  ( 1)           ( 2)           ( 3)           ( 4)
( 1)  1.0000000E+00  2.0000000E+00 -2.5000000E+01 -3.0000000E+01
( 2)  3.0000000E+00  4.0000000E+00 -3.0000000E+01 -3.6000000E+01
( 3) -1.0000000E+00 -0.0000000E+00 -1.0000000E+00 -3.0000000E+00
( 4) -0.0000000E+00 -1.0000000E+00 -2.0000000E+00 -4.0000000E+00
```

## 7.5　複素行列

　複素行列の記述方法には，複素数を成分として記述する方法と一対の実行列をカンマ","で区切って丸括弧（と）で囲む方法がある．実部または虚部だけを指定し，もう一方にコロン：を指定して複素行列を記述することもできる．

```
>> A1 = [[1 2][3 4]];
>> A2 = [[5 6][7 8]];
>> Ac = (A1,A2)
=== [Ac] : ( 2, 2) ===
              [ ( 1)-Real   ( 1)-Imag ] [ ( 2)-Real   ( 2)-Imag ]
( 1)  1.0000000E+00  5.0000000E+00  2.0000000E+00  6.0000000E+00
( 2)  3.0000000E+00  7.0000000E+00  4.0000000E+00  8.0000000E+00
>> Bc = (A1,:)
=== [Bc] : ( 2, 2) ===
```

```
              [ (  1)-Real     (  1)-Imag ]  [ (  2)-Real     (  2)-Imag ]
    (  1)   1.0000000E+00   0.0000000E+00    2.0000000E+00   0.0000000E+00
    (  2)   3.0000000E+00   0.0000000E+00    4.0000000E+00   0.0000000E+00
>> Cc = (:,A1)
=== [Cc] : (  2,  2) ===
              [ (  1)-Real     (  1)-Imag ]  [ (  2)-Real     (  2)-Imag ]
    (  1)   0.0000000E+00   1.0000000E+00    0.0000000E+00   2.0000000E+00
    (  2)   0.0000000E+00   3.0000000E+00    0.0000000E+00   4.0000000E+00
```

複素行列の実部と虚部は，関数 Re() と Im() で取り出せる．

```
>> Im(Ac)
=== [ans] : (  2,  2) ===
                (  1)              (  2)
    (  1)   5.00000000E+00   6.00000000E+00
    (  2)   7.00000000E+00   8.00000000E+00
```

## 7.6　零行列

Z(n) は n × n(実) 零行列を，Z(m,n) は m × n(実) 零行列を作る．

```
>> Z(2,3)
=== [ans] : (  2,  3) ===
                (  1)              (  2)              (  3)
    (  1)   0.00000000E+00   0.00000000E+00   0.00000000E+00
    (  2)   0.00000000E+00   0.00000000E+00   0.00000000E+00
```

複素零行列を作るには，関数 Z() の最後の引数に，複素数を指定する．

```
>> c = (0,0);
>> Z(2,3,c)
=== [ans] : (  2,  3) ===
              [ (  1)-Real     (  1)-Imag ]  [ (  2)-Real     (  2)-Imag ]
    (  1)   0.0000000E+00   0.0000000E+00    0.0000000E+00   0.0000000E+00
    (  2)   0.0000000E+00   0.0000000E+00    0.0000000E+00   0.0000000E+00
              [ (  3)-Real     (  3)-Imag ]
    (  1)   0.0000000E+00   0.0000000E+00
    (  2)   0.0000000E+00   0.0000000E+00
```

同様に (実|複素) 多項式行列や (実|複素) 有理多項式行列の零行列は，関数 Z() の最後の引数に，それぞれ (実|複素) 多項式や (実|複素) 有理多項式を指定する．

```
>> s = Polynomial("s");
>> Z(2,2,s)
=== [ans] : (  2,  2) ===
            [           (  1)            ]  [           (  2)            ]
(  1)             0                                  0
(  2)             0                                  0
```

ある行列 A と同じ大きさの零行列は

```
>> A = [[1 2][3 4]];
>> Z(A)
=== [ans] : (  2,  2) ===
              (  1)              (  2)
(  1)   0.00000000E+00   0.00000000E+00
(  2)   0.00000000E+00   0.00000000E+00
```

のように作る．ある行列 A の大きさを単位とする大きなブロック零行列を作ることができる．

```
>> A = [[1 2][3 4]];
>> Z(1,2,A)
=== [ans] : (  2,  4) ===
              (  1)             (  2)             (  3)             (  4)
(  1)   0.0000000E+00    0.0000000E+00    0.0000000E+00    0.0000000E+00
(  2)   0.0000000E+00    0.0000000E+00    0.0000000E+00    0.0000000E+00
```

このとき，作られる零行列の型は A の型[注2]と同じになる．

## 7.7 単位行列

I(n) は n × n(実) 単位行列を，I(m,n) は m × n(実) 単位行列を作る．行列が非正方であるとき，対角成分のみ 1 で他の成分は 0 となる．

```
>> I(2,3)
=== [ans] : (  2,  3) ===
              (  1)              (  2)              (  3)
(  1)   1.00000000E+00   0.00000000E+00   0.00000000E+00
(  2)   0.00000000E+00   1.00000000E+00   0.00000000E+00
```

複素単位行列を作るには，関数 I() の最後の引数に，複素数を指定する．

---

[注2] 実行列，複素行列，多項式行列，有理多項式行列など．

```
>> c = (0,0);
>> I(2,3,c)
=== [ans] : ( 2, 3) ===
            [ (  1)-Real     (  1)-Imag ]  [ (  2)-Real     (  2)-Imag ]
(  1)   1.0000000E+00   0.0000000E+00    0.0000000E+00   0.0000000E+00
(  2)   0.0000000E+00   0.0000000E+00    1.0000000E+00   0.0000000E+00
            [ (  3)-Real     (  3)-Imag ]
(  1)   0.0000000E+00   0.0000000E+00
(  2)   0.0000000E+00   0.0000000E+00
```

同様に (実 | 複素) 多項式行列や (実 | 複素) 有理多項式行列の単位行列は，関数 I() の最後の引数に，それぞれ (実 | 複素) 多項式や (実 | 複素) 有理多項式を指定する．

```
>> s = Polynomial("s");
>> I(2,2,s)
=== [ans] : ( 2, 2) ===
            [          (  1)          ]  [          (  2)          ]
(  1)                    1                              0
(  2)                    0                              1
```

多項式行列の場合，対角成分のみ定数項が1である多項式になる．有理多項式行列の場合，対角成分のみ分子多項式と分母多項式の定数項が1である有理多項式になる．

ある行列 A と同じ大きさの単位行列は

```
>> A = [[1 2][3 4]];
>> I(A)
=== [ans] : ( 2, 2) ===
                  (  1)              (  2)
(  1)    1.00000000E+00   0.00000000E+00
(  2)    0.00000000E+00   1.00000000E+00
```

のように作る．行列が非正方であるとき，対角成分のみ1で他の成分は0になる．

ある行列 A の大きさを単位とする大きなブロック単位行列を作ることができる．

```
>> A = [[1 2][3 4]];
>> I(1,2,A)
=== [ans] : ( 2, 4) ===
                 (  1)            (  2)            (  3)            (  4)
(  1)    1.0000000E+00   0.0000000E+00   0.0000000E+00   0.0000000E+00
(  2)    0.0000000E+00   1.0000000E+00   0.0000000E+00   0.0000000E+00
```

このとき，作られる単位行列の型は A の型[注3] と同じになる．行列が非正方であるとき，対角成分のみ 1 で他の成分は 0 になる．

## 7.8　1 で満たされた行列

ONE(n) は n×n の 1 で満たされた実行列を，ONE(m,n) は m×n の 1 で満たされた実行列を作る．

```
>> ONE(2,3)
=== [ans] : ( 2, 3) ===
                ( 1)            ( 2)            ( 3)
(  1)   1.00000000E+00  1.00000000E+00  1.00000000E+00
(  2)   1.00000000E+00  1.00000000E+00  1.00000000E+00
```

1 で満たされた複素行列を作るには，関数 ONE() の最後の引数に，複素数を指定する．

```
>> c = (0,0);
>> ONE(2,3,c)
=== [ans] : ( 2, 3) ===
            [ ( 1)-Real    ( 1)-Imag ]  [ ( 2)-Real    ( 2)-Imag ]
(  1)   1.0000000E+00  0.0000000E+00     1.0000000E+00  0.0000000E+00
(  2)   1.0000000E+00  0.0000000E+00     1.0000000E+00  0.0000000E+00
            [ ( 3)-Real    ( 3)-Imag ]
(  1)   1.0000000E+00  0.0000000E+00
(  2)   1.0000000E+00  0.0000000E+00
```

同様に 1 で満たされた (実|複素) 多項式行列や (実|複素) 有理多項式行列は，関数 ONE() の最後の引数に，それぞれ (実|複素) 多項式や (実|複素) 有理多項式を指定する．

```
>> s = Polynomial("s");
>> ONE(2,2,s)
=== [ans] : ( 2, 2) ===
            [           ( 1)           ]  [           ( 2)           ]
(  1)                  1                              1
(  2)                  1                              1
```

---

[注3] 実行列，複素行列，多項式行列，有理多項式行列など．

多項式行列の場合，すべての成分が多項式1になる．有理多項式行列の場合，すべての成分が分子多項式と分母多項式が1である有理多項式になる．

ある行列Aと同じ大きさの1で満たされた行列は

```
>> A = [[1 2][3 4]];
>> ONE(A)
=== [ans] : ( 2, 2) ===
              ( 1)            ( 2)
( 1)   1.00000000E+00  1.00000000E+00
( 2)   1.00000000E+00  1.00000000E+00
```

のように作る．ある行列Aの大きさを単位とする1で満たされた大きなブロック行列を作ることができる．

```
>> A = [[1 2][3 4]];
>> ONE(1,2,A)
=== [ans] : ( 2, 4) ===
              ( 1)           ( 2)           ( 3)           ( 4)
( 1)   1.0000000E+00  1.0000000E+00  1.0000000E+00  1.0000000E+00
( 2)   1.0000000E+00  1.0000000E+00  1.0000000E+00  1.0000000E+00
```

このとき，作られる行列の型はAの型[注4]と同じになる．

## 7.9　等間隔ベクトル

2個の実数aとbと定間隔hに対し，

```
>> x = [a:h:b];
```

は $(b-a)/h < n \leq 1+(b-a)/h$ を満たすn次元行ベクトル [a a+h a+2*h ... a+(n-1)*h] を生成する．生成されるベクトルは配列型である．定間隔hは負の数でもよいが，その場合 a > b でなければ上述の不等式を満たすnが存在しないので，$0 \times 0$の行列が生成される．h = 1の場合はhを省略でき，

```
>> x = [a:b];
```

と記述できる．例えば，連続する整数の行ベクトルを生成するには

---

[注4] 実行列，複素行列，多項式行列，有理多項式行列など．

```
>> x = [1:4]
=== [x] : ( 1, 4) ===
                ( 1)            ( 2)            ( 3)            ( 4)
  ( 1)   1.0000000E+00  2.0000000E+00  3.0000000E+00  4.0000000E+00
```

のように入力する．間隔が$\pi/5$の場合は

```
>> y = [1:PI/5:PI]
=== [y] : ( 1, 4) ===
                ( 1)            ( 2)            ( 3)            ( 4)
  ( 1)   1.0000000E+00  1.6283185E+00  2.2566370E+00  2.8849555E+00
```

とし，間隔が$-1$の場合は

```
>> z = [4:-1:1]
=== [z] : ( 1, 4) ===
                ( 1)            ( 2)            ( 3)            ( 4)
  ( 1)   4.0000000E+00  3.0000000E+00  2.0000000E+00  1.0000000E+00
```

とする．列ベクトルを作るときは，転置を利用する．

```
>> x = [3:5]'
=== [x] : ( 3, 1) ===
                ( 1)
  ( 1)   3.00000000E+00
  ( 2)   4.00000000E+00
  ( 3)   5.00000000E+00
```

2個の実数aとbを含めてn個の等分点からなる行ベクトルは`linspace(a,b,n)`で作る．生成されるベクトルは配列型である．したがって，h = (b-a)/nのとき，[a:h:b]と`linspace(a,b,n)`は同じ行ベクトルを生成する．3番目の引数が省略されると，n = 50を意味する．

## 7.10　対数スケールで等間隔ベクトル

`logspace(a,b,n)`は2個の実数$10^a$と$10^b$を含めて対数スケールでn個の等分点からなる行ベクトルを生成する．生成されるベクトルは配列型である．3番目の引数が省略されると，n = 50を意味する．また，b = $\pi$のとき$10^a$と$\pi$の区間で等分点が生成される．例えば，$10^{-2}$と$10^3$の区間を等分する100個の点を生成するには

>> *logspace(−2.0, 3.0, 100);*

とする。

## 7.11 乱数行列

rand(n) は区間 $(0,1)$ の一様乱数を成分とする n×n の一様乱数行列を生成する。rand(m,n) は m×n の一様乱数行列を生成する。乱数は左から右へ，上から下へ並べられる。rand() は一様乱数 (実数) を生成する。rand(A) は行列 A と同じ大きさの一様乱数行列を生成する。

```
>> rand(1, 4)
=== [ans] : (  1,  4) ===
             (  1)        (  2)        (  3)        (  4)
(  1)   2.8538089E-01 2.5335818E-01 9.3468531E-02 6.0849689E-01
```

関数 rand() は疑似乱数に基づき区間 $[2^{-53}, 1-2^{-53}]$ の浮動小数点を生成する。理論的に，生成される乱数の周期は約 $2.3 \times 10^{18}$ である [9], [22]。

乱数列は乱数発生器の状態に依存して決定され，乱数発生器の状態は種によって変更できる。rand("seed") は一様乱数の種 (Integer) を返し，rand("seed", m) は一様乱数の種を整数 m にする。

次の例では，まず乱数発生器の種を調べる。1 個の乱数を生成すると種が変わることがわかる。MATX を起動したとき，種の初期値は 1 である。

```
>> rand("seed")
ans = 1271983233
>> rand()
ans = 0.90342
>> rand("seed")
ans = 1776642162
>> rand("seed", 1)
ans = 1
>> rand()
ans = 0.285381
```

randn(n) は平均 0，分散 1 の正規乱数を成分とする n×n の正規乱数行列を生成する。randn(m,n) は m×n の正規乱数行列を生成する。乱数は左から右へ，上から下へ並べられる。randn() は正規乱数 (実数) を生成する。randn(A) は行列 A と同じ大きさの正規乱数行列を生成する。

## 7.12　対角行列とブロック対角行列

関数 diag() を用いれば簡単に対角行列とブロック対角行列を作れる。

```
>> A = diag(1.0, 2.0, 3.0)
=== [A] : ( 3, 3) ===
                ( 1)            ( 2)            ( 3)
(  1)    1.0000000E+00   0.0000000E+00   0.0000000E+00
(  2)    0.0000000E+00   2.0000000E+00   0.0000000E+00
(  3)    0.0000000E+00   0.0000000E+00   3.0000000E+00
>> B = diag(1, [[1 2][3 4]], 5)
=== [B] : ( 4, 4) ===
                ( 1)            ( 2)            ( 3)            ( 4)
(  1)    1.0000000E+00   0.0000000E+00   0.0000000E+00   0.0000000E+00
(  2)    0.0000000E+00   1.0000000E+00   2.0000000E+00   0.0000000E+00
(  3)    0.0000000E+00   3.0000000E+00   4.0000000E+00   0.0000000E+00
(  4)    0.0000000E+00   0.0000000E+00   0.0000000E+00   5.0000000E+00
```

## 7.13　空行列

実行文

```
>> x = [];
```

は x に 0×0 行列 (**空行列**) を代入する。関数 isempty() は行列が空行列であるか判定し，空行列なら 1(真)，空行列でなければ 0(偽) を返す。

```
>> x = [];
>> isempty(x)
ans = 1
```

# 第8章

# 行列関数

MATX は多くの行列関数を提供する.基本的な関数は組込み関数として実現され,他の関数は MM-ファイル[注1]として提供される.

本章では行列の基本的な分解である,三角分解,直交分解,特異値分解,固有値分解について説明する.三角分解と直行分解は文献 [4] と Linpack [2] のアルゴリズムを,特異値分解と固有値分解は Eispack [11], [10], [3] のアルゴリズムをそれぞれ基礎としている.

## 8.1　三角分解

任意の正方行列 A は2つの三角行列の積に分解できる.下三角行列 (を行置換した行列)L と上三角行列 U の積 A = LU に分解する LU 分解は三角分解の1つである.この分解は関数 lu() で与えられる.この分解は逆行列や行列式の計算や連立1次方程式の解を求めるときに有用である.例えば,

```
>> A = [[1 2 3][6 5 4][7 8 1]];
>> {L, U} = lu(A);
>> print L, U
=== [L] : ( 3, 3) ===
```

---

[注1]第11章参照

```
                    (    1)             (    2)             (    3)
(    1)    1.42857143E-01   -4.61538462E-01    1.00000000E+00
(    2)    8.57142857E-01    1.00000000E+00    0.00000000E+00
(    3)    1.00000000E+00    0.00000000E+00    0.00000000E+00
=== [U] : (    3,    3) ===
                    (    1)             (    2)             (    3)
(    1)    7.00000000E+00    8.00000000E+00    1.00000000E+00
(    2)    0.00000000E+00   -1.85714286E+00    3.14285714E+00
(    3)    0.00000000E+00    0.00000000E+00    4.30769231E+00
```

のようになる。L は対角成分に 1 が並ぶ下三角行列を行置換した行列，U は上三角行列になる。分解が成功したかどうかは

```
>> L * U
=== [ans] : (    3,    3) ===
                    (    1)             (    2)             (    3)
(    1)    1.00000000E+00    2.00000000E+00    3.00000000E+00
(    2)    6.00000000E+00    5.00000000E+00    4.00000000E+00
(    3)    7.00000000E+00    8.00000000E+00    1.00000000E+00
```

で確認できる。行列 A の逆行列は

$$A^{-1} = U^{-1}L^{-1}$$

で計算できるが，U は三角行列であり L も三角行列を行置換した行列なので，どちらの逆行列も簡単に求まる。ところで，逆行列を A~ や inv(A,tol) で計算すると，ピボッティング付きガウスの消去法が用いられる。ピボット値が許容誤差 tol より小さいと，警告が表示される。ただし，計算は続行される。

また，行列 A の行列式は

$$\det(A) = \det(L)\det(U)$$

で計算できるが，U は上三角行列なのですべての対角成分の積は det(U) であり，L は対角成分がすべて 1 である下三角行列を 1 回だけ行置換した行列なので det(L) = -1 である。したがって，

>> *− prod(diag_vec(U))*
ans = 56

で det(A) が求まる。ただし，関数 diag_vec() は対角成分からなる縦ベクトルを返す関数[注2]である。

---

[注2] 引数がベクトルなら，その成分を対角成分とする対角行列を返す。

## 8.1 三角分解

連立 1 次方程式

$$A x = b, \quad b = [1\ 2\ 3]^T$$

を解くには

```
>> b = [1 2 3]';
>> x = A \ b;
>> print x
=== [x] : ( 3, 1) ===
            ( 1)
 ( 1) -7.14285714E-02
 ( 2)  4.28571429E-01
 ( 3)  7.14285714E-02
```

とすればよいが，実際には内部では A の LU 分解で得られる 2 つの三角行列に関する連立方程式

```
>> y = L \ b
=== [y] : ( 3, 1) ===
            ( 1)
 ( 1)  3.00000000E+00
 ( 2) -5.71428571E-01
 ( 3)  3.07692308E-01
>> x = U \ y
=== [x] : ( 3, 1) ===
            ( 1)
 ( 1) -7.14285714E-02
 ( 2)  4.28571429E-01
 ( 3)  7.14285714E-02
```

を解いている．行列 L と U は三角行列なので，これらの方程式は簡単に解ける．

並べ替え付き LU 分解は関数 `lu_p()` で

```
>> {L, U, P} = lu_p(A);
```

のように与えられ，`LU = PA` の関係が成り立つ．ただし，L は対角成分が 1 である下三角行列，U は上三角行列，P は成分が 0 または 1 である並べ替え行列である．

正定対称行列 A を上三角行列の積 $R^T R$ に分解するコレスキー分解は関数 `chol()` で与えられる．例えば

```
>> A = [[4 2][2 3]];
>> R = chol(A)
=== [R] : ( 2, 2) ===
            ( 1)            ( 2)
( 1)   2.00000000E+00  1.00000000E+00
( 2)   0.00000000E+00  1.41421356E+00
>> R' * R
=== [ans] : ( 2, 2) ===
            ( 1)            ( 2)
( 1)   4.00000000E+00  2.00000000E+00
( 2)   2.00000000E+00  3.00000000E+00
```

となる。

## 8.2 直交分解

実 (複素) 行列 A を直交 (ユニタリ) 行列 Q と上三角行列 R の積 A = QR に分解するQR分解は関数 qr() で与えられる。例えば，

```
>> A = [[1 2 3][4 5 6][7 8 9][10 11 12]];
```

について，QR分解は

```
>> {Q, R} = qr(A);
>> print Q, R
=== [Q] : ( 4, 4) ===
            ( 1)          ( 2)          ( 3)          ( 4)
( 1)  -7.761505E-02 -8.330521E-01  5.007372E-01  2.219508E-01
( 2)  -3.104602E-01 -4.512365E-01 -8.330820E-01  7.729306E-02
( 3)  -5.433053E-01 -6.942101E-02  1.639523E-01 -8.204386E-01
( 4)  -7.761505E-01  3.123945E-01  1.683924E-01  5.211947E-01
=== [R] : ( 4, 3) ===
            ( 1)          ( 2)          ( 3)
( 1)  -1.288409E+01 -1.459162E+01 -1.629916E+01
( 2)   0.000000E+00 -1.041315E+00 -2.082630E+00
( 3)   0.000000E+00  0.000000E+00  1.195746E-15
( 4)   0.000000E+00  0.000000E+00  0.000000E+00
```

となる。ここで，R(3,3) はゼロに近いので R と A はフルランクでない。このことは，行列 A の第 2 列が第 1 列と第 3 列の平均となっていることからもわかる。

並べ替え付き QR 分解は関数 qr_p() で

## 8.2 直交分解

```
>> {Q, R, P} = qr_p(A);
```

のように与えられ，`QR = AP` の関係が成り立つ。ただし，`P` は成分が 0 または 1 である並べ替え行列である。

QR 分解は未知数より多くの方程式をもつ連立方程式を解くときに有効である。例えば，行列 A とベクトル $b = [1\ 3\ 5\ 7]^T$ に対して，`Ax = b` は変数が 3 個，方程式が 4 個の連立方程式を表す。最小二乗の意味で最適な解[注3]は

```
>> b = [1 3 5 7]';
>> x = A \ b
=== [x] : (  3,  1) ===
              (  1)
(  1)   3.88888889E-01
(  2)   2.22222222E-01
(  3)   5.55555556E-02
```

で与えられる。実際には内部では A の QR 分解で得られる直交行列 Q と上三角行列 R を用い

```
>> y = Q' * b
=== [y] : (  4,  1) ===
              (  1)
(  1)  -9.15857620E+00
(  2)  -3.47105067E-01
(  3)   4.99600361E-16
(  4)   8.88178420E-16
>> x = R \ y
=== [x] : (  3,  1) ===
              (  1)
(  1)   3.88888889E-01
(  2)   2.22222222E-01
(  3)   5.55555556E-02
```

を計算している。行列 Q は直交行列なので逆行列は転置行列で求まり，行列 R は上三角行列なので R \ y は簡単に計算できる。

---

[注3] $(Ax - b)^T(Ax - b)$ を最小にする。

## 8.3 特異値分解

特異値分解は Eispack [11], [10], [3] のアルゴリズムを基礎としているが，文献 [4] にも詳しい説明がある．与えられた (正方でなくてもよい) 実 (複素) 行列 A の特異値分解は

```
>> A = [[1 2 3][4 5 6]];
>> {U, D, V} = svd(A);
>> print U, D, V
=== [U] : ( 2, 2) ===
              ( 1)             ( 2)
(  1) -3.86317703E-01 -9.22365780E-01
(  2) -9.22365780E-01  3.86317703E-01
=== [D] : ( 2, 3) ===
              ( 1)             ( 2)             ( 3)
(  1)  9.50803200E+00  0.00000000E+00  0.00000000E+00
(  2)  0.00000000E+00  7.72869636E-01  0.00000000E+00
=== [V] : ( 3, 3) ===
              ( 1)             ( 2)             ( 3)
(  1) -4.28667134E-01  8.05963909E-01  4.08248290E-01
(  2) -5.66306919E-01  1.12382414E-01 -8.16496581E-01
(  3) -7.03946704E-01 -5.81199080E-01  4.08248290E-01
```

のように計算できる．行列 U は左特異ベクトルからなる直交 (ユニタリ) 行列，V は右特異ベクトルからなる直交 (ユニタリ) 行列であり，D は対角成分が特異値である対角行列である．これらの行列には A = UDV$^*$ の関係が成り立つ．ただし，* は複素共役転置を意味する．

特異値だけを求めるには

```
>> S = singval(A)
=== [S] : ( 2, 1) ===
              ( 1)
(  1)  9.50803200E+00
(  2)  7.72869636E-01
```

とすればよい．S は特異値からなる縦ベクトルである．最大特異値と最小特異値は

```
>> smax = maxsing(A)
smax = 9.50803
>> smin = minsing(A)
smin = 0.77287
```

で求まる。また，左特異ベクトルからなる行列 U だけを求めるなら

```
>> U = singleftvec(A)
=== [U] : ( 2, 2) ===
             (  1)            (  2)
(  1) -3.86317703E-01 -9.22365780E-01
(  2) -9.22365780E-01  3.86317703E-01
```

右特異ベクトルからなる行列 V だけを求めるなら

```
>> V = singrightvec(A)
=== [V] : ( 3, 3) ===
             (  1)            (  2)            (  3)
(  1) -4.28667134E-01  8.05963909E-01  4.08248290E-01
(  2) -5.66306919E-01  1.12382414E-01 -8.16496581E-01
(  3) -7.03946704E-01 -5.81199080E-01  4.08248290E-01
```

とすればよい。

いくつかの関数は特異値分解を利用している。例えば，疑似逆行列を求める関数 pseudoinv(A)，$l_2$ ノルム norm(A,2)，そして条件数 cond(A) などである。

## 8.4　固有値分解

n 次の正方行列 A に対し，方程式 Ax = $\lambda$x, x $\neq$ 0 を満たす $\lambda$ が A の固有値であり，対応する x が固有ベクトルである。固有値と固有ベクトルは

```
>> A = [[1 2][6 5]];
>> {D, X} = eig(A);
>> print D, X
=== [D] : ( 2, 2) ===
        [ (  1)-Real    (  1)-Imag ] [ (  2)-Real    (  2)-Imag ]
(  1)  7.0000000E+00  0.0000000E+00  0.0000000E+00  0.0000000E+00
(  2)  0.0000000E+00  0.0000000E+00 -1.0000000E+00  0.0000000E+00
=== [X] : ( 2, 2) ===
        [ (  1)-Real    (  1)-Imag ] [ (  2)-Real    (  2)-Imag ]
(  1) -2.7950849E-01  0.0000000E+00 -4.4721359E-01  0.0000000E+00
(  2) -8.3852549E-01  0.0000000E+00  4.4721359E-01  0.0000000E+00
```

のように求まる。D は固有値を対角成分とする対角行列，X は固有ベクトルを対応する固有値の順に並べた行列であり，AX = XD の関係が成り立つ。また，固有値のみを求めるには

8  行列関数

```
>> D = eigval(A)
=== [D] : (  2,  1) ===
         [ (  1)-Real       (  1)-Imag ]
(   1)  7.00000000E+00   0.00000000E+00
(   2) -1.00000000E+00   0.00000000E+00
```

固有ベクトルのみを求めるには

```
>> X = eigvec(A)
=== [X] : (  2,  2) ===
         [ (  1)-Real       (  1)-Imag ]  [ (  2)-Real       (  2)-Imag ]
(   1) -2.7950849E-01   0.0000000E+00  -4.4721359E-01   0.0000000E+00
(   2) -8.3852549E-01   0.0000000E+00   4.4721359E-01   0.0000000E+00
```

とすればよい，X は固有値からなる縦ベクトルである。

固有値の計算にはヘッセンベルグ分解 hess() とシュアー分解 schur() が使われ，schur() は QR 分解を使っている。

2つの正方行列 A と B に対し，方程式 $Ax = \lambda Bx, x \neq 0$ を満たす $\lambda$ が一般化固有値であり，対応する x が一般化固有ベクトルである。一般化固有値と一般化固有ベクトルは

```
>> A = [[1 2][6 5]]; B = [[3 4][2 1]];
>> {D, X} = eig(A,B);
>> print D, X
=== [D] : (  2,  2) ===
         [ (  1)-Real       (  1)-Imag ]  [ (  2)-Real       (  2)-Imag ]
(   1)  1.4000000E+00   0.0000000E+00   0.0000000E+00   0.0000000E+00
(   2)  0.0000000E+00   0.0000000E+00   1.0000000E+00   0.0000000E+00
=== [X] : (  2,  2) ===
         [ (  1)-Real       (  1)-Imag ]  [ (  2)-Real       (  2)-Imag ]
(   1)  1.0000000E+00   0.0000000E+00   1.0000000E+00   0.0000000E+00
(   2) -8.8888888E-01   0.0000000E+00  -1.0000000E-00   0.0000000E+00
```

のように求まる。D は一般化固有値を対角成分とする対角行列，X は一般化固有ベクトルを対応する固有値の順に並べた行列であり，$AX = BXD$ の関係が成り立つ。一般化固有値のみを求めるには

```
>> D = eigval(A,B)
=== [D] : (  2,  1) ===
         [ (  1)-Real       (  1)-Imag ]
(   1)  1.40000000E+00   0.00000000E+00
(   2)  1.00000000E+00   0.00000000E+00
```

## 8.4 固有値分解

一般化固有ベクトルのみを求めるには

```
>> X = eigvec(A,B)
=== [X] : ( 2,  2) ===
            [ ( 1)-Real    ( 1)-Imag ]  [ ( 2)-Real    ( 2)-Imag ]
( 1) 1.0000000E+00  0.0000000E+00  1.0000000E+00  0.0000000E+00
( 2) -8.8888888E-01 0.0000000E+00 -1.0000000E-00  0.0000000E+00
```

とすればよい，X は一般化固有値からなる縦ベクトルである．

一般化固有値の計算には QZ 分解 qz() が使われている．qz(A,B) は QZ 分解の結果と一般化固有ベクトルを返す．例えば，

>> $\{AA, BB, Q, zz, X\} = qz(A, B);$

で求まる行列には

$$Q^* * A * zz = AA$$

$$Q^* * B * zz = BB$$

$$A * V * \mathrm{diag\_vec}(BB) = B * V * \mathrm{diag\_vec}(AA)$$

の関係が成り立つ．ただし，*は複素共役転置を意味する．実際に計算すると

```
>> Q#*A*zz - AA
=== [ans] : ( 2,  2) ===
                ( 1)              ( 2)
( 1) -6.66133815E-16  0.00000000E+00
( 2) -1.72388145E-16  0.00000000E+00
>> Q#*B*zz - BB
=== [ans] : ( 2,  2) ===
                ( 1)              ( 2)
( 1) -1.22124533E-15  1.33226763E-15
( 2) -2.64545330E-17  8.88178420E-16
>> A*V*diag_vec(BB) - B*V*diag_vec(AA)
=== [ans] : ( 2,  1) ===
            [ ( 1)-Real    ( 1)-Imag ]
( 1) -2.66453526E-15  0.00000000E+00
( 2)  4.44089210E-15  0.00000000E+00
```

となる．

8 行列関数

## 8.5 ノルム，階数，条件数

行列のノルム，階数 (ランク)，条件数を求める関数を表 8.1 に示す。階数の計算 rank(A,tol) は tol より小さい特異値を 0 とみなし階数を求める。許容誤差 tol が指定されない場合，tol = frobnorm(A)×EPS が用いられる。

表 8.1 ノルム，階数，条件数

| 関数 | 機能 |
|---|---|
| norm(A,p) | 1-ノルム，2-ノルム，p-ノルム |
| infnorm(A) | ∞-ノルム |
| frobnorm(A) | フロベニウスノルム |
| cond(A) | 2-ノルムの条件数 |
| rank(A,tol) | 階数 (ランク) |

## 8.6 行列指数関数と行列対数関数

指数関数の拡張である行列指数関数[注4]は行列の無限級数

$$e^A = I + A + \frac{A^2}{2!} + \cdots \frac{A^n}{n!} + \cdots$$

として定義される。ただし，$I$ は単位行列である。行列指数関数を計算するには

```
>> A = [[1 0][0 2]];
>> B = exp(A)
=== [B] : ( 2, 2) ===
            ( 1)              ( 2)
(  1)  2.71828183E+00   0.00000000E+00
(  2)  0.00000000E+00   7.38905610E+00
```

とする。A が配列のとき，

```
>> Aa = Array([[1 0][0 2]]);
>> Ba = exp(Aa)
=== [Ba] : ( 2, 2) ===
            ( 1)              ( 2)
(  1)  2.71828183E+00   1.00000000E+00
(  2)  1.00000000E+00   7.38905610E+00
```

---

[注4] 行列指数関数は制御理論で重要な役割を果たす。

のように，結果は各成分の指数 exp() を成分とする配列となり，行列指数関数と結果が異なるので注意する．行列指数関数の逆関数である行列対数関数は多価関数であるが，値の範囲を限定した対数関数の主値は，

```
>> A = [[1 0][0 2]];
>> B = exp(A);
>> C = log(B)
=== [C] : ( 2, 2) ===
        [ ( 1)-Real    ( 1)-Imag ]  [ ( 2)-Real    ( 2)-Imag ]
(  1)  1.0000000E+00  0.0000000E+00   0.0000000E+00  0.0000000E+00
(  2)  0.0000000E+00  0.0000000E+00   2.0000000E+00  0.0000000E+00
```

のように求まる [6]．

# 第 9 章

# 行列エディタ

　行列のサイズが大きくなればなるほど，行列の入力・編集作業は面倒になる。入力中にちょっとした間違いを犯しても，もう一度最初からやり直さなければならない。行列エディタを使えば，そういった面倒な作業が楽にできる。ユーザが特殊文字などの不適当な文字をタイプしても，行列エディタがその文字をチェックするので問題は生じない。

　任意の大きさの行列を入力・編集でき，大きさも任意に変更できる。そして大きな行列を編集する時，画面が上下左右にスクロールする。X-Window や Windows 95/98/NT などのウィンドウシステムのグラフィック機能を必要とせず，curses ライブラリやエスケープシーケンスをサポートするキャラクタ端末で使用可能 (Windows 95/98/NT でも使用可能) である。実行列と複素行列の入力・編集ができる[注1]。

　行列エディタのキーバインディングを表 9.1 に示す。 C-F は Ctrl を押したまま F を同時に押すことを意味する。また， d , c は d を押して離したあと， c を押すことを意味する。emacs 風キー，vi 風キー，矢印キーによるカーソルの移動が可能である。

---

[注1] 数式 (多項式や有理多項式) 行列は編集できない。

## 9 行列エディタ

表 9.1 行列エディタのキーバインディング

| 機能 | vi 風 | emacs 風 | 特殊キー |
|---|---|---|---|
| 右移動 | l | C-F | → |
| 左移動 | h | C-B | ← |
| 上移動 | k | C-P | ↑ |
| 下移動 | j | C-N | ↓ |
| 1 行の始め | ^ | C-A | |
| 1 行の終り | $ | C-E | |
| 指定した行と列へジャンプ | g (go to) | | |
| 1 行 1 列 | < | | |
| 最終行最終列 | > | | |
| 1 行削除 | d,r | C-K,r | DEL,r |
| 1 列削除 | d,c | C-K,c | DEL,c |
| 書き直し | | C-L | |
| ペースト | p (paste) | C-Y | |
| マーク | m (mark) | | |
| 領域の獲得 | i (input) | | |
| 領域のペースト | o (output) | | |
| 単位行列 | E (Eye) | | |
| 零行列 | Z (Zero) | | |
| 全成分が 1 の行列 | O (One) | | |
| 全成分が等しい行列 | F (Fill) | | |
| 実部行列 | R (Real) | | |
| 虚部行列 | I (Imaginary) | | |
| 実行列を複素行列に変換 | C (Complex) | | |
| 転置行列 (共役転置行列) | T (Transpose) | | |
| 初期の行列に戻す | Q | | |
| ファイルからの読み込み | r (read) | | |
| ファイルへの書き込み | w (write) | | |
| サイズの変更 | s (size) | | |
| 終了 | q (quit) | | ESC |

# 9.1 行列の入力

インタプリタ matx のコマンドラインで,未定義の変数 A について

>> *read A*

## 9.1 行列の入力

とすると，行列エディタが起動され画面が

```
Name : [ A ]
Size : [  1,  1 ]

           (  1)
(  1)   0.00000000E+00
```

に変わる。ここで，1行目に編集中の行列の名前，2行目に行列のサイズ(行数と列数)，4行目以降に行列の成分が表示される。行列エディタを終了するには $\boxed{\text{q}}$ または $\boxed{\text{ESC}}$ を入力する。matx のコマンドラインでは，行列の大きさは最初 $1 \times 1$ であるが，関数内で行列を入力するとき，行列の大きさは最初 $0 \times 0$ である。

行列エディタを起動したとき，カーソルは行列のサイズの行数のところにある。行列のサイズを変更したい場合，適当な行と列の数を整数で入力する。例えば，行数に4を入力すると

```
Name : [ A ]
Size : [  4,  1 ]

           (  1)
(  1)   0.00000000E+00
(  2)   0.00000000E+00
(  3)   0.00000000E+00
(  4)   0.00000000E+00
```

となり，カーソルは列数に移動する。ここで，列数に4を入力すると

```
Name : [ A ]
Size : [  4,  4 ]

           (  1)           (  2)           (  3)           (  4)
(  1)   0.0000000E+00   0.0000000E+00   0.0000000E+00   0.0000000E+00
(  2)   0.0000000E+00   0.0000000E+00   0.0000000E+00   0.0000000E+00
(  3)   0.0000000E+00   0.0000000E+00   0.0000000E+00   0.0000000E+00
(  4)   0.0000000E+00   0.0000000E+00   0.0000000E+00   0.0000000E+00
```

となる。再びサイズを変更したいとき，$\boxed{\text{s}}$ を入力すればカーソルはサイズのところに移動する。あるいは，カーソル移動キーでサイズの所に移動してもよい。

成分を変更するには，カーソルを変更したい所へ移動し，値を直接入力し，最後にリターンキーを入力する。そのとき，カーソルは次の成分に移動する。変更しない成分はリターンキーのみを入力する。成分として Real 型の値を入力できる。

また、[Q]を入力すれば，すべての変更を無効にし，最初に読み込んだ行列に戻せる。

## 9.2　成分中の移動

表 9.1 中のキーを使って成分中を上下左右に移動できる。行頭で左に移動すると，1 行上の行末へ，行末で右へ移動すると，1 行下の行頭へ移動する。1 行目の行頭で上または左へ移動すると，サイズの所へ移動する。

行頭への移動は [^] または [C-A]，行末への移動は [$] または [C-E]，1 行 1 列への移動は [<]，最終行・最終列へ移動するには [>] を入力する。そして，[g] で任意の成分へ移動できる。[g] を入力すると，

```
Name : [ a ]
Size : [   4, 10 ]   Goto : [   1,  1 ]

             (  1)         (  2)         (  3)         (  4)
(  1)   3.7124664E-01  1.9033961E-01  2.9288411E-01  7.0118766E-02
(  2)   5.3580438E-01  9.3970903E-01  6.4855523E-01  3.4507023E-01
(  3)   6.3524599E-01  8.0277994E-01  1.5249665E-01  2.6889658E-01
(  4)   4.6803612E-01  3.1340753E-01  3.2139031E-01  9.0336947E-01
```

のように移動先を入力する画面に変るので，移動先の行番号と列番号を入力し，リターンキーを入力する。すると，カーソルがその成分へ移動する。

## 9.3　行と列の削除と移動

行列中のある行を削除したいとき，その行へ移動し，[d],[r] または [C-K],[r] と入力する。別の行へ移動し，[p] または [C-Y] と入力すると，削除した行がそこに挿入される。すなわち，この作業である行を別の行へ移動できる。列についても同様に削除と移動ができる。例えば，3 × 3 の行列

```
Name : [ A ]
Size : [   3,  3 ]

              (  1)           (  2)           (  3)
(  1)    1.00000000E+00  2.00000000E+00  3.00000000E+00
```

```
  ( 2)   4.00000000E+00  5.00000000E+00  6.00000000E+00
  ( 3)   7.00000000E+00  8.00000000E+00  0.00000000E+00
```

について，1行と2行を交換することを考える．まず，1行目にカーソルを移動し，d,r または C-K,r と入力すると，1行が削除され

```
 Name : [ A ]
 Size : [  2,  3 ]

              ( 1)            ( 2)            ( 3)
  ( 1)   4.00000000E+00  5.00000000E+00  6.00000000E+00
  ( 2)   7.00000000E+00  8.00000000E+00  0.00000000E+00
```

となる．次に，2行目にカーソルを移動し，p または C-Y を入力すると，1行と2行の間に削除した行が挿入され，

```
 Name : [ A ]
 Size : [  3,  3 ]

              ( 1)            ( 2)            ( 3)
  ( 1)   4.00000000E+00  5.00000000E+00  6.00000000E+00
  ( 2)   1.00000000E+00  2.00000000E+00  3.00000000E+00
  ( 3)   7.00000000E+00  8.00000000E+00  0.00000000E+00
```

となる．

## 9.4 部分行列の複写

行列の部分行列を別の場所へ複写することができる．例えば，3×3の行列

```
 Name : [ A ]
 Size : [  3,  3 ]

              ( 1)            ( 2)            ( 3)
  ( 1)   1.00000000E+00  2.00000000E+00  3.00000000E+00
  ( 2)   4.00000000E+00  5.00000000E+00  6.00000000E+00
  ( 3)   7.00000000E+00  8.00000000E+00  0.00000000E+00
```

について，A(2:3,2:3) = A(1:2,1:2) と同様の複写をすることを考える．まず，複写したい部分行列の左上 (1,1) へカーソルを移動し m でマークをつける，次に部分行列の右下 (2,2) へ移動し i で部分行列を複写バッファに取り込む，最後に複写先の左上 (2,2) へ移動し o で複写バッファからコピーする．複写の結果

```
Name : [ A ]
Size : [   3,  3 ]

              (   1)           (   2)           (   3)
(   1)    1.00000000E+00  2.00000000E+00  3.00000000E+00
(   2)    4.00000000E+00  1.00000000E+00  2.00000000E+00
(   3)    7.00000000E+00  4.00000000E+00  5.00000000E+00
```

となる。複写バッファへ取り込んだ部分行列は，別の部分行列を取り込むまで有効なので，複数の個所へコピーできる。

## 9.5　横長の行列の編集

以下は行列エディタを使って，$4 \times 10$ の実行列の入力している様子を示す。

```
Name : [ A ]
Size : [   4,10 ]

              (   1)           (   2)           (   3)           (   4)
(   1)    7.0034952E-01   9.7185376E-01   4.7104091E-01   6.0556577E-01
(   2)    2.9466921E-01   4.9752249E-01   2.1353245E-01   8.9134701E-01
(   3)    1.1843884E-01   8.4835628E-01   3.8397974E-01   4.0269997E-01
(   4)    9.6457000E-01   5.3154610E-01   3.5191366E-02   9.2676210E-01
```

画面の大きさの制限のため同時には 4 列しか表示できないが，$\boxed{T}$ で転置すると

```
Name : [ A ]
Size : [  10,  4 ]

              (   1)           (   2)           (   3)           (   4)
(   1)    4.9934764E-01   7.3760114E-01   1.3788866E-01   9.5491474E-01
(   2)    3.8419920E-01   8.0292829E-01   6.9545332E-01   2.4129902E-01
(   3)    4.3680683E-01   8.6698931E-02   2.9820168E-01   9.7945085E-01
(   4)    9.4610876E-02   9.8097005E-01   4.9420960E-01   8.1643569E-01
(   5)    3.0142835E-01   5.0611324E-01   3.7982319E-01   4.8411605E-01
(   6)    4.2173173E-01   1.3054159E-01   6.6309062E-01   7.3592801E-01
(   7)    4.0031958E-01   7.2344499E-02   8.1951828E-02   4.4039553E-01
(   8)    6.4331104E-01   9.3155820E-01   3.2792790E-01   3.9661490E-01
(   9)    8.5712222E-01   1.2572704E-01   1.0565612E-01   9.6660312E-01
(  10)    9.6941916E-02   4.2422377E-01   6.4505298E-01   1.8088948E-01
```

のようにすべての成分を同時に見られる。そして，編集した後，もう一度 $\boxed{T}$ で転置すれば元の大きさの行列に戻る。

## 9.6 複素行列の入力・編集

以下は行列エディタを使って，$4 \times 10$ の複素行列を編集している様子を示す．

```
Name :   [ B ]
Size :   [   4,  10 ]

            (   1)-Real       (   1)-Imag       (   2)-Real       (   2)-Imag
(   1)      2.8538089E-01    3.7046633E-01    2.5335818E-01    3.5227758E-01
(   2)      5.3373896E-01    8.5462088E-02    1.0744607E-01    9.6790219E-01
(   3)      9.0227812E-01    6.0384272E-01    8.8767636E-01    4.2210356E-01
(   4)      1.5394237E-01    4.7542020E-01    6.2689141E-01    7.8311082E-01
```

R を使うと，

```
Name :   [ Re(B) ]
Size :   [   4,  10 ]

            (   1)           (   2)           (   3)           (   4)
(   1)      2.8538089E-01    2.5335818E-01    9.3468531E-02    6.0849689E-01
(   2)      5.3373896E-01    1.0744607E-01    3.9967105E-01    6.5037100E-01
(   3)      9.0227812E-01    8.8767636E-01    3.7217671E-01    3.4751560E-01
(   4)      1.5394237E-01    6.2689141E-01    7.4945361E-01    3.4104120E-01
```

のように実部のみが表示され，I を使うと，

```
Name :   [ Im(B) ]
Size :   [   4,  10 ]

            (   1)           (   2)           (   3)           (   4)
(   1)      3.7046633E-01    3.5227758E-01    9.6305376E-01    4.0716802E-01
(   2)      8.5462088E-02    9.6790219E-01    2.5950793E-01    9.1510732E-01
(   3)      6.0384272E-01    4.2210356E-01    2.2756347E-01    3.1121429E-01
(   4)      4.7542020E-01    7.8311082E-01    3.5455944E-01    4.7139800E-01
```

のように虚部のみが表示される．C で元の複素行列の画面に戻る．実部や虚部の編集画面のとき，ファイル入出力，行や列の削除，大きさの変更はできない．なお，インタプリタで作業をしているときに限り，C によって実行列を複素行列に変換できる．

## 9.7 成分操作

Z を入力すると零行列に，E を入力すると単位行列に，O を入力するとすべての成分が 1 の行列になる．また，F と入力すると，すべての成分を指定した

値に設定できる。例えば，3×3の行列について F と入力すると，設定する値を入力する画面

```
Name : [ A ]
Size : [   3,  3 ]    Number to fill : 3
                ( 1)             ( 2)             ( 3)
(  1)   0.00000000E+00  0.00000000E+00  0.00000000E+00
(  2)   0.00000000E+00  0.00000000E+00  0.00000000E+00
(  3)   0.00000000E+00  0.00000000E+00  0.00000000E+00
```

に変わるので，3と入力すると，

```
Name : [ A ]
Size : [   3,  3 ]
                ( 1)             ( 2)             ( 3)
(  1)   3.00000000E+00  3.00000000E+00  3.00000000E+00
(  2)   3.00000000E+00  3.00000000E+00  3.00000000E+00
(  3)   3.00000000E+00  3.00000000E+00  3.00000000E+00
```

となり，すべての成分が3になる。

## 9.8 ファイル入出力

編集した行列をファイルへ保存するには w を入力する。例えば，3×3の行列の編集中に w を入力すると

```
Name : [ A ]
Size : [   3,  3 ]    Filename :
                ( 1)             ( 2)             ( 3)
(  1)   1.00000000E+00  2.00000000E+00  3.00000000E+00
(  2)   4.00000000E+00  5.00000000E+00  6.00000000E+00
(  3)   7.00000000E+00  8.00000000E+00  9.00000000E+00
```

のようにファイル名を問い合わせる画面に変わるので，保存したいファイル名を入力する。同様に行列の編集中にファイルから行列を読み込むには r を入力する。

## 9.9 行列エディタ (mated)

行列エディタ (mated) は，シェルのコマンドラインから起動することができ，MAT データフォーマットの行列ファイルを入力・編集することができる．matx を起動せずに，実験データなどを閲覧するときに便利である．例えば，

 % mated A.mat B.mat C.mat

のように使用する。

# 第10章

# 初級プログラミング

　MATX は行列や多項式などのオブジェクトを扱える高度な電卓として使用することができる。一方，MATX は他のプログラミング言語と同様にフロー制御構文や関数などのプログラミングに必要な要素をもっているので，高度なプログラミング言語として使うこともできる。プログラミングの構文は C 言語 (K&R) [17] によく似ている。

## 10.1　制御の流れ

　MATX 言語は C 言語とほとんど同じフローを制御する構文をもっている。通常の使用においては，同じと考えてよい。

### 10.1.1　条件 (関係演算，論理演算，論理関数)

　MATX には真偽を表現するための論理型はなく，C 言語と同様に 0 でない整数または実数で真を，整数 0 または実数 0.0 で偽を表す。C 言語と同じ関係演算と論理演算をもっているので，これらの演算を組み合わせることで，いろいろな条件を記述できる。

　関係演算子を表 10.1，論理演算子を表 10.2 に示す。演算の対象である a と b

表 10.1　関係演算子

| 表記 | 真となる条件 |
|---|---|
| a > b | aがbより大きい |
| a >= b | aがb以上である |
| a < b | aがbより小さい |
| a <= b | aがb以下である |
| a == b | aがbと等しい |
| a != b | aがbと等しくない |

表 10.2　論理演算子

| 表記 | 真となる条件 |
|---|---|
| a && b | aかつbが真である |
| a \|\| b | aまたはbが真である |
| ! a | aが偽である |

がスカラ型のとき，演算結果は，条件が満たされると真(整数1)，満たされないと偽(整数0)となる。aやbが配列型のとき，成分ごとに演算が行われ，演算結果[注1]はそれぞれの演算結果からなる(0|1)配列となる。同様に配列演算子を用いる行列の比較[注2]も，成分ごとの演算結果からなる(0|1)配列となる。例えば，2個の配列の比較は次のようになる。

```
>> a = Array([1 0 2 3]);
>> b = Array([5 6 1 0]);
>> a > b
=== [ans] : (  1,  4) ===
              (  1)           (  2)           (  3)           (  4)
(  1)   0.000000E+00   0.000000E+00   1.000000E+00   1.000000E+00
>> a && b
=== [ans] : (  1,  4) ===
              (  1)           (  2)           (  3)           (  4)
(  1)   1.000000E+00   0.000000E+00   1.000000E+00   0.000000E+00
```

関係演算子 < の記述には注意することがある。例えば，-a が正であるか調べる目的で

---

[注1] 5.1.7節，5.1.8節参照。
[注2] 5.2節参照。

```
>> print 0<-a;
```

と記述すると，＜と－の間にスペースがないので，まとめて別の演算子 <- として解釈され，文法エラーとなる．＜と－の間にスペースを入れると意図通り解釈される．

論理演算 a && b について，式 a が偽 (0) のとき，式 b の評価は行われない．また，論理演算 a || b について，式 a が真 (0 でない) のとき，式 b の評価は行われない．例えば，長さが 0 であるかもしれないベクトル x の第 1 成分が 1 であるか判定するには

```
>> x = [];
>> length(x) != 0  &&  x(1) == 1
ans = 0
```

とする．x(1) == 1 を先に書くと，x の長さが 0 のときエラーとなる．

論理演算子に加え，いくつかの論理関数がある．論理関数を表 10.3 に示す．関数 all() はすべての成分が真 (0 でない) ならば真 (1) を返し，関数 any() は真の (0 でない) 成分が存在すれば真 (1) を返す．関数 all_row() と any_row() は行ごとに働き，関数 all_col() と any_col() は列ごとに働き，(0|1) 配列 (ベクトル) を返す．関数 all() と any() の使用例を以下に示す．

```
>> A = [[0 1 2][3 5 0]];
>> all(A)
ans = 0
>> all_col(A)
=== [ans] : (  1,  3) ===
             (  1)         (  2)         (  3)
(  1)  0.00000000E+00  1.00000000E+00  0.00000000E+00
>> any_row(A)
=== [ans] : (  2,  1) ===
             (  1)
(  1)  1.00000000E+00
(  2)  1.00000000E+00
```

isinf(x) はスカラ x が無限大のとき真 (1) を，isnan(x) はスカラ x が NaN のとき真 (1) を，isfinite(x) はスカラ x が無限大でなくかつ NaN でないとき真

(1) を返す。引数 x が行列型のとき，これらの関数は成分ごとに判定を行い，(0|1) 配列を返す。isreal(x) は，x が実成分 (整数，実数，実行列など) のとき真 (1)，x が複素成分 (複素数，複素行列，複素多項式など) のとき偽 (0) を返す。関数 iscomplex() も同様に働く。

表 10.3 論理関数

| 表記 | 真となる条件 |
|---|---|
| all() | すべての成分が真である |
| all_row() | 行ごとに成分がすべて真である |
| all_col() | 列ごとに成分がすべて真である |
| any() | 真である成分が存在する |
| all_row() | 行ごとに真である成分が存在する |
| all_col() | 列ごとに真である成分が存在する |
| isinf() | 無限大である |
| isnan() | NaN である |
| isfinite() | 無限大でなくかつ NaN でない |
| isreal() | 実成分である |
| iscomplex() | 複素成分である |

## 10.1.2 条件分岐 (If, Else, Else if)

判定を行うときは，if 文を用いる。if は論理式の値を基にブロック文を実行する。最も簡単な書式は

```
if (expr) {
    statements;
}
```

である。C 言語と異なり大括弧 { と } を省略できない。論理式 expr が真 (0 でない) なら，ブロック文は実行され，偽 (0) ならブロック文はスキップされる。if 文は，次のように複数個入れ子にできる。

```
if (expr1) {
    statement1;
    if (expr2) {
        statement2;
```

```
    }
    statement3;
}
```

else は if と対で使われ，if の条件が偽 (0) なら else のブロック文が実行される。最も簡単な書式は

```
if (expr) {
    statements1;
} else {
    statements2;
}
```

である。この if-else 文では，まず expr が評価される。それが真 (0 でない) なら statements1 [注3] が実行され，偽 (0) なら statements2 が実行される。

else if は if と対で使われ，if の条件が偽 (0) のとき，再度条件分岐を行う。if, else if, else を用いる最も簡単な書式は

```
if (expr1) {
    statements1;
} else if (expr2) {
    statements2;
} else {
    statements3;
}
```

である。これは，

```
if (expr1) {
    statements1;
} else {
    if (expr2) {
        statements2;
    } else {
        statements3;
    }
}
```

と等価である。

### 10.1.3 選択 (Switch)

switch 文は，ある式が複数の値の 1 つと一致するかテストし，それに応じて分岐する特別の多分岐判断機構である。書式例を以下に示す。

---

[注3] statement は実行文を意味する。

```
switch (expr) {
  case int_1: statements_1;
              break;
  case int_2: statements_2;
              break;
  .....................
  case int_n: statements_n;
              break;
  default:    statements_0;
              break;
}
```

switch 文は，括弧内の整数式 expr を計算し，その値をすべてのラベル int_1〜int_n と比較する．各 case には，整数定数の式でラベルをつける．あるラベルが expr と一致すれば，実行はその case から始められる．default のラベルのついた case は，他のいずれの case も満足されないときに実行される．break 文はスイッチ文から直接抜け出る手段である．C 言語と同様に case は単にラベルとして働くから，1 つの case 文が終了したのち，抜け出すための明示的な動作がなければ，実行は次の case へ移る．

次に示すプログラムは，switch 文の簡単な例である．これは，整数型の変数 num をチェックし，num が −1, 0, 1 のいずれかのとき，対応する case 文の文字列を表示し，これらの値のどれとも一致しないとき，default 文が実行される．

```
switch (num) {
  case -1: print "minus one\n";
           break;
  case  0: print "zero\n";
           break;
  case  1: print "plus one\n";
           break;
  default: print "other value\n";
           break;
}
```

## 10.1.4 繰り返し (While)

次の while 文

```
while (expr) {
    statements;
}
```

では，まず expr が評価される．expr が偽 (0) でないとき，statement が実行され，expr が再度評価される．このサイクルは expr が偽 (0) になるまで続けられ，その時点で実行は次の文に移る．C 言語と異なり大括弧 { と } を省略できない．while ループ中で break 文を使うと，その while ループの外に出る．以下のように expr に非零の定数を用いると，無限ループとなる．

```
while (1) {
    statements;
}
```

## 10.1.5 繰り返し (Do-while)

do-while ループでは，ループ本体を通る各パスを終ったあとにテストが行われる．ループ本体は常に，少なくとも 1 回は実行される．次の構文

```
do {
    statements;
} while (expr) ;
```

では，まず statements が実行された後，expr が評価される．それが真 (0 でない) ならば，statements は再び実行される．このループが終了するのは，expr が偽 (0) になったときである．C 言語と異なり大括弧 { と } を省略できない．do-while ループ中で break 文を使うと，その do-while ループの外に出る．以下のように expr に非零の定数を用いると，無限ループとなる．

```
do {
    statements;
} while (1) ;
```

## 10.1.6 繰り返し (For)

次の for 文

```
for (expr1; expr2; expr3) {
    statements;
}
```

は以下に等しい．

```
expr1;
while (expr2) {
    statements;
    expr3;
}
```

文法的には for の3つの要素は式である。多くの場合，expr1 と exp3 は代入または関数呼び出しであり，expr2 は関係式または論理式である。3つのどの部分のどれを省略してもよいが，セミコロンは省略してはならない。テスト部 expr2 が省略されたら，それは永久に真とみなされる。したがって

```
for (;;) {
    statements;
}
```

は無限ループであり，脱出は，他の手段 (例えば break や return) によることになる。M$_A$TX は C 言語のカンマ演算子に相当する演算子をもたないので，複数個の式を直接 expr1 と expr3 に書けないが，リスト[注4]を用いれば

```
for ({i=1, j=1}; i<5 && j<5; {i++, j++}) {
    statements;
}
```

のように expr1 と expr3 に複数個の式を書ける[注5]。

## 10.1.7　繰り返し終了 (Break, Continue)

先頭または最後でテストする以外，時によってはループからの脱出を制御できる方が便利な場合がある。break 文は，for, while, do-while から早く抜け出るための方法である。break 文を使うと，最も内側のループから直ちに抜け出すことができる。次に continue 文は囲んでいる for, while, do-while ループの次の繰り返しを開始させるためのものである。while ループと do-while ループにおいては，これはテスト部分を直ちに実行することを意味する。

---

[注4] 第 18 章参照。
[注5] ただし，処理速度は遅くなる。

## 10.1.8 プログラムの終了 (Exit)

インタプリタでは，プログラム (関数) の実行中に exit を呼び出すと，プログラムの実行が中断され，コマンドラインに戻る。コマンドラインで exit を実行すると，インタプリタが終了する。

一方，コンパイラが生成した実行プログラムでは，exit が呼ばれるとプログラムが終了し，UNIX 互換 OS の場合，シェルに戻る。以下のように exit に整数をわたすと，この値がプログラムの終了状態としてシェルにわたされる。

```
exit(1);
```

## 10.2 簡単な関数

関数には，行うべき計算の過程を指示する文，および計算で使われる値を格納する変数が含まれる。M$_A$TX 言語の関数は，C 言語の関数と似ている。関数名は，英文字またはアンダスコア "_" で始まる任意長の英数字文字列であり，大文字と小文字は区別される。関数名として，組込み関数の名前や，コマンド名などを使用できない。main は特別な名前であり，コンパイラを使って実行可能プログラムを作成したとき，プログラムの実行は関数 main()[注6] の先頭から始まる。つまり，プログラム中のどこかに main() がなければならない。ただし，インタプリタでプログラムを実行するときは，プログラムのどこからでも実行を始めることができ，関数 main() をプログラムの中に作らなくてもよい。

### 10.2.1 関数の定義と宣言

関数は，関数定義子 Func に続けて C 言語 (K&R) の関数定義と同様に記述する。次の関数 hello() は Hello world を画面に出力する。

```
Func void hello()
{
    print "Hello world\n";
}
```

---

[注6] main() は Integer 型と List 型の値を引数とし，Integer 型を返す関数である。(15.6節参照。)

通常，この関数の呼び出しは

&gt;&gt; *hello()*

であるが，インタプリタのコマンドラインでは，引数がなく，単独で関数を呼び出す場合，次のように丸括弧を省略できる。

&gt;&gt; *hello*

以下の関数 add() は 2 個の行列を引数とし，その和を表示する。

```
Func void add(a, b)
    Matrix a, b;
{
    print a + b;
}
```

void は，この関数が値を戻さないことを意味する。関数内の個々の文の終りはセミコロン；で区切る。インタプリタのコマンドラインと異なり，関数内で変数名だけを記述しても，その値は表示されない。

関数 add() を別の関数 afo() から呼び出すには，関数 afo() の先頭で，

```
Func void afo()
{
    void add();

    .... .... ....
}
```

のように，関数 add() の宣言をする。ファイルの先頭である関数の宣言をすれば，そのファイル中のすべての関数からその関数を呼び出せる。

## 10.2.2　変数の定義

関数内で使用する (局所) 変数は，関数の先頭 (実行文の前) で宣言する。局所変数は関数内でのみ有効であり，局所変数が占有したメモリ領域は，その関数が終了すると自動的に解放される[注7]。

---

[注7] static 変数は関数が終了しても存在し続ける。15.7 節参照。

変数は型名に続けてカンマ","で区切って宣言する[注8]。変数名は，英文字またはアンダスコア"_"で始まる任意長の英数字文字列であり，大文字と小文字は区別される。組込み関数の名前やコマンド名などは変数名として使用できない。次の関数 add_sub() は 2 個の行列を引数とし，その和と差を変数 c と d に代入し，それらの値を表示する。

```
Func void add_sub(a, b)
    Matrix a, b;
{
    Matrix c, d;

    c = a + b;
    d = a - b;
    print c, d;
}
```

## 10.2.3 値を返す関数

return 文は呼ばれた関数の値を，呼んだプログラムに返すための機構である。void 型以外の関数の場合，return の後に，その関数の型の式を書く。呼ぶ側の関数は，戻り値を無視することもできる。ただし，void 型の関数の場合，return の後に式を書いてはならず，void 型以外の関数の場合，return の後の式を省略できない。次の関数は 2 個の行列を引数とし，その乗算結果を返す。

```
Func Matrix mul(a, b)
    Matrix a, b;
{
    return a * b;
}
```

実行例を次に示す。

```
>> a = [[1 2][3 4]];
>> b = [[5 6][7 8]];
>> c = mul(a, b)
=== [c] : ( 2, 2) ===
              ( 1)          ( 2)
 ( 1)   1.90000000E+01  2.20000000E+01
 ( 2)   4.30000000E+01  5.00000000E+01
```

[注8] 今のところ，変数は宣言の中で初期化できない。

## 10.2.4 コメント

コメントはプログラムを理解しやすくするために自由に使うことができる。/* と */ の間にある文章と // から行末までの文章は無視される。次に例を示す。

```
/*
 * 2 個の行列の乗算を返す関数
 */
Func Matrix mul(a, b)
    Matrix a, b;
{
    Matrix c;    // 行列型の変数の宣言

    c = a * b;   // 行列の乗算を計算
    return c;    // 計算結果を返す
}
```

コメントは，空白(blank)あるいは改行が書けるところならどこでも入れられる。ただし，C言語と同様に/* と */ によるコメントの入れ子(ネスティング)は許されない。

## 10.2.5 画面に表示する

コマンド print を使用すれば，型の区別なく値を表示できる。カンマ "," で区切って複数の値を同時に指定できる。

```
>> print 1, 1.0, (1,2), [[1 2][3 4]];
ans = 1
ans = 1
ans = (1,2)
=== [ans] : (   2,   2) ===
              (   1)              (   2)
(   1)   1.00000000E+00   2.00000000E+00
(   2)   3.00000000E+00   4.00000000E+00
```

この例のように値を直接表示すると，ans という名前で表示される。関数 printf() を使えば，書式を指定して画面に出力できる。なお，定数文字列を表示すると，値のみが出力される。

```
>> print "Hello world\n";
Hello world
```

## 10.2.6 キーボードから入力

コマンド read を使用すれば，型の区別なく変数の値を入力/編集できる。カンマ","で区切って複数の変数を同時に指定できる。行列を入力・編集するとき，**行列エディタ**が起動される。以下の関数は2個の実数 a と b を入力し，和を表示する。

```
Func void afo()
{
    Real a, b;

    b = 1;
    read a, b;
    print a + b;
    read a, b;
    print a + b;
}
```

実行例を以下に示す。

```
>> afo()
a = 1
b = 1 ----> 2
ans = 3

a = 1 ---->
b = 2 ----> 3
ans = 4
```

1行目で a に 1 を代入し，2行目で初期値 1 を 2 に変更している。このように値が設定されていると，その値が表示される。3行目で，a + b が表示されている。4行目ではリターンキーのみを入力し，5行目で b を 3 に変更している。6行目で，a + b が表示されている。このように値を変更しない場合は，単にリターンキーを入力すればいい。

# 第 11 章

# MM-ファイルとその実行

MATX 言語のコードを含むファイルは，ファイルの拡張子が通常 .mm であるので **MM-ファイル**と呼ばれる．MM-ファイルには，関数だけでなく MATX のステートメントを直接記述できる．関数だけが記述された MM-ファイルを**関数ファイル**，直接記述されたステートメントを含む MM-ファイルを**スクリプトファイル**と呼ぶ．関数ファイルはコンパイルできるが，スクリプトファイルはコンパイルできない[注1]．ユーザは，テキストエディタを使って，標準で提供される MM-ファイルと同様に使用できる MM-ファイルを作成することができる[注2]．

プログラムをどのように作成し実行するかは，使うハードウェアや OS などの計算機環境に依存する．具体例として，UNIX のシェルコマンドラインまたは Windows 95/98/NT の DOS 窓のコマンドラインでのプログラムの作成方法と実行方法を示す．

---

[注1] プリプロセッサを利用すればコンパイルできるスクリプトファイルも作成できる．
[注2] Emacs で MM-ファイルを編集する場合，清田洋光氏が作成した matx-mode (ftp://ftp.matx.org/pub/MaTX/contrib/matx-mode.el) が便利である．

## 11.1 関数ファイル

関数ファイルは，関数だけを含む MM-ファイルであり，インタプリタでもコンパイラでも同様に使用できる．以下に，関数ファイル diagmax.mm の例を示す．

```
/*
 * 【名前】
 *     diagmax() - 絶対値が最大の対角成分
 *
 * 【形式】
 *     x = diagmax(A)
 *         Real x;
 *         Matrix A;
 *
 * 【機能説明】
 *     diagmax(A) は行列 A の絶対値が最大の対角成分を返す．
 */
Func Real diagmax(A)
    Matrix A;
{
    return max(abs(diag2vec(A)));
}
```

この関数ファイルには，絶対値が最大の対角成分を返す関数 diagmax() が含まれる．実行例を次に示す．

>> *A = diag(1, 2, −4);*
>> *diagmax(A)*
ans = 4

help コマンドを

>> *help diagmax*

のように使用すると，ファイルの先頭の /* と */ の間の文書が表示されるので，そこにヘルプ文書を書いておけばよい[注3]。

---

[注3] ヘルプ文書の表示の仕組みは将来変更される可能性がある．

## 11.2　スクリプトファイル

スクリプトファイルは，関数の外に記述されたステートメントを含む MM-ファイルであり，インタプリタのみで実行できる。スクリプトファイルの例を次に示す。

```
// スクリプトファイルの例
Func void add()
{
    Matrix a,b,c;

    a = [[1 2][3 4]];
    b = [[5 6][7 8]];
    print c = a + b;
}

add();
A = [[1 2][3 4]];
B = [[5 6][7 8]];
C = A + B
```

このスクリプトファイルには，1個の関数 add() と 4 行のステートメントが含まれる。関数の外で使用する変数 A, B, C は宣言する必要がなく，スクリプトファイルの実行後でも，コマンドラインから参照できる。また，関数内のステートメントにはセミコロンを付けなければならないが，関数外では式にセミコロンを付けなくてもよい。式のセミコロンを省略すると，その値が表示される。例題の最終行にはセミコロンがないので，C が表示される。実行例を次に示す。

```
=== [c] : ( 2, 2) ===
              ( 1)            ( 2)
(  1)  6.00000000E+00  8.00000000E+00
(  2)  1.00000000E+01  1.20000000E+01

=== [C] : ( 2, 2) ===
              ( 1)            ( 2)
(  1)  6.00000000E+00  8.00000000E+00
(  2)  1.00000000E+01  1.20000000E+01
```

インタプリタ (matx) の実行時にはプリプロセッサ[注4]のマクロ \_\_MATX\_\_ が，コンパイラ (matc) の実行時にはマクロ \_\_MATC\_\_ が自動的に 1 に定義される。これらを用いるとプログラム中の実行される箇所を指定できる。例えば関数のデバッ

---

[注4] 第 19 章参照。

グ時に，ある MM-ファイルをスクリプトファイルとしてインタプリタ (matx) で実行したいとき以下のようにすればよい．

```
#ifdef __MATC__
Func void afo()
{
    Matrix A,B,C;
#endif
    A = [[1 2][3 4]];
    B = [[5 6][7 8]];
    C = A + B;
    print A, B, C;
#ifdef __MATC__
}
#endif
```

matx を実行すると，この MM-ファイルはスクリプトファイルとして実行され，A, B, C はコマンドラインから参照できる．matc を実行すれば，関数 afo() が定義される．

## 11.3 実行可能 MM-スクリプト

UNIX のシェルスクリプトや Perl のスクリプトのように，MM-スクリプトの先頭に "#! /usr/local/bin/matx" を書き，ファイルに実行許可の属性を与えると，通常のコマンドとして MM-スクリプトを実行できる．例えば，MM-スクリプト afo.mm [注5]

```
#! /usr/local/MaTX/bin/matx

Func Integer main()
{
    Matrix A, B, C;

    A = [1]; B = [2];
    print C = A + B;
    return 0;
}

main();
```

を UNIX で実行すると，次のようになる．

---

[注5] 実行可能 MM-スクリプトは UNIX でのみ使用できる．

```
% chmod a+x afo.mm
% afo.mm
=== [C] : (  2,  2) ===
              (  1)           (  2)
(  1)   6.00000000E+00  8.00000000E+00
(  2)   1.00000000E+01  1.20000000E+01
```

## 11.4 インタプリタによる実行

インタプリタによるプログラムの実行方法を以下に示す。

### 11.4.1 MM-ファイルを実行する

matx の引数に MM-ファイルを指定して実行すると，指定された順番に MM-ファイルが解釈実行される。

```
% matx main.mm sub1.mm sub2.mm sub3.mm
```

この例では，main.mm から sub3.mm までが順番に解釈実行される。なお，MM-ファイルの拡張子 mm は省略できる。例えば，最後のファイル sub3.mm の最終行に

```
// sub3.mm
Func void sub3()
{
    ....
}
main();
```

のように "main();" を追加しておけば，関数 main() の実行が始まる。

### 11.4.2 キーボード(標準入力)から入力する

通常，matx は引数に指定された全ファイルを解釈実行すると終了するが，引数の最後に - があると，全ファイルを解釈した後，インタラクティブ・モードになり，以下のようにプロンプトを表示する。

```
% matx main.mm sub1.mm sub2.mm sub3.mm -
```

## 11 MM-ファイルとその実行

```
MaTX Interpreter (matx)
Unix version 5.0.0
last modified Thu Jul 15 18:51:44 JST 1999
Copyright (C) 1989-1999, Masanobu Koga

Send bugs and comments to matx@matx.org
Type 'quit' to exit, 'help' for functions, 'demo' for demonstration.

MaTX (51)
```

インタラクティブ・モードになった後で

  MaTX (51) $main()$

のように入力すれば，関数 main() を実行できる[注6]。引数のない関数を呼び出すときは，丸括弧を省略して

  MaTX (51) $main$

のように入力してもよい。ただし，

  MaTX (51) $a = main()$

のように関数の返す値を参照する場合は，丸括弧を省略できない。

### 11.4.3 コマンド load でファイルを読み込む

matx を引数なしで実行すると，インタラクティブ・モードで起動され

% $matx$

```
MaTX Interpreter (matx)
Unix version 5.0.0
last modified Thu Jul 15 18:51:44 JST 1999
Copyright (C) 1989-1999, Masanobu Koga

Send bugs and comments to matx@matx.org
Type 'quit' to exit, 'help' for functions, 'demo' for demonstration.

MaTX (51)
```

のようにプロンプトが表示される。このとき，コマンド load で MM-ファイルを読み込み，実行することができる[注7]。ファイルの拡張子 mm は省略できる。

---

[注6] 本書では，簡単のため MaTX のプロンプトを >> で表す。
[注7] 14.1 節参照。

```
MaTX (51) load "main", "sub1", "sub2", "sub3"
MaTX (52) main()
```

あらかじめ，最後に読み込むファイル sub3.mm の最終行に "main();" を追加しておけば，コマンド load を実行すると，直ちに関数 main() が実行される．

### 11.4.4　コマンドラインにコードを書く

オプション -e を用いれば，直接シェルのコマンドラインで M∀TX のコードを記述できる．上の例では，ファイル sub3.mm の最終行に "main();" を追加するかわりに

```
% matx main.mm sub1.mm sub2.mm sub3.mm -e 'main();'
```

のようにコマンドラインの最後に -e 'main();' と書いてもよい．なお，オプション -e はコマンドラインの任意の場所で使用できる．

### 11.4.5　実行する関数を宣言する

宣言のみされ定義されていない関数が呼び出されると，関数名と同じ MM-ファイルが検索[注8]され読み込まれる．したがって，実行したい関数を宣言し，関数名を入力すれば，望みの関数を実行できる．ただし，この機能を利用するには，関数の名前とファイルの名前が一致していなければならない[注9]．上の例では，実行したい関数 main() を宣言し，

```
>> Integer main()
>> main()
```

のように実行すれば，自動的に main.mm が読み込まれる．

## 11.5　インタプリタのオプション

matx のオプションを表 11.1 に示す．オプション - と -- は標準入力 (キーボー

---
[注8] 15.5 節参照
[注9] 修飾子 require を用いれば，名前の異なるファイルに保存された関数を呼び出せる．15.4 節参照．

## 11 MM-ファイルとその実行

表 11.1　matx のオプション

| オプション | 機能 |
|---|---|
| - | 標準入力 (キーボード) から入力する |
| -- | 標準入力から入力 (プロンプトなし) |
| -e 'stmt' | stmt を実行する |
| -withlog | ログファイル MaTX.log を作る |
|  | デフォルトでは，ログファイルを作らない |
| -Darg | マクロ arg を C プリプロセッサにわたす |
| -MMdir | MM-ファイルの検索パスを指定する |
| -nocpp | C プリプロセッサによる処理を行わない |
| -nofep | コマンドライン編集機能を使わない |
| -nohist | 履歴機能を使わない |
| -checkarg | 関数の引数が書き換えられたかチェックする |
| -checkblock | ブロック行列が使用される箇所を調べる |
| -checkpoly | ベクトルと多項式の係数を変換する箇所を調べる |
| -Npdddd | プログラムコードのサイズを dddd ステップとする |
| -v | 処理経過に関する情報を表示する |
| -v4 | バージョン 4 モードで動作する |
| -v5 | バージョン 5 モードで動作する |
| -help | オプションを表示する |

ド) からコードを入力することを意味する[注10]。オプション - を用いると，matx がインタラクティブモードで起動し，プロンプトを表示する。- はプロンプトを出力するが -- はプロンプトを出力しないので，別のプロセスとプロセス間通信するとき便利である。オプション -e を用いれば，シェルのコマンドラインに MATX のコードを直接記述できる[注11]。

　オプション -withlog を指定すると，エラーや警告のメッセージがログファイル MaTX.log にも出力される[注12]。オプション -nocpp を指定すると，C プリプロセッサを使用しない。C プリプロセッサ[注13]にマクロを渡すには，オプション -D を用いる。オプション -MMdir を用いれば，MM-ファイルの検索パスを指定できる。オプション -nofep を指定すると，コマンドライン編集機能を無効にできる。オプション -nohist を指定すると，コマンドライン履歴機能を無効にで

---

[注10] 11.4.2 節参照。
[注11] 11.4.4 節参照。
[注12] 13.6 節参照。
[注13] 第 19 章参照。

きる。-nofep と -nohist は mule のシェルモードから matx を起動するときなどに便利である。

オプション -checkarg を指定すると，参照わたしされた関数の引数が呼び出された関数内で変更されたか判定できる。オプション -checkblock と -checkpoly を指定すると，それぞれブロック行列を使用する箇所と多項式の係数とベクトルを変換する箇所が表示される。バージョン 4 のユーザがバージョン 5 へ移行するときに利用する。

Mathematica や Maple の出力コードのように 1 個の式がとても長いとき，オプション -Np でプログラムコードのサイズを大きくする必要がある。プログラムコードのデフォルトのサイズは $2^{18} = 262144$ ステップ (MS-DOS 版は $2^{13} = 8192$ ステップ) である。

オプション -v4 を指定すると，バージョン 4 モードで動作し，オプション -v5 を指定すると，バージョン 5 モードで動作する。オプション -v を用いると，プリプロセッサ呼び出しなどの内部処理の経過が表示される。オプション -help を指定すると，オプションの一覧が表示される。

## 11.6 コンパイラによる実行

MATX のプログラムは C 言語のプログラムと同様に複数の関数から構成される。普通は，関数には自分の好きな名前をつけてもよいが，main は特別な名前である。コンパイラ (matc) を使って実行可能型ファイルを作成したとき，プログラムの実行は関数 main() の先頭から始まる。これは，プログラムにはどこかに関数 main() がなければならないことを意味する。インタプリタ (matx) を使ってプログラムを実行するとき，プログラムのどこからでも実行を始めることができ，main() をプログラムの中に作る必要はない。

MM-ファイル main.mm から実行ファイルを作成するには，シェルのコマンドラインで

    % *matc main.mm*

とする。すると，実行可能型ファイル main (Windows の場合，main.exe) が作成される。

MM-ファイルの拡張子 mm は省略でき，オプション -nomm を指定すると，mm 以外の拡張子をもつファイルもコンパイルできる。コンパイル中にエラーが発見されると，エラーメッセージが画面に表示され，実行が中止される。そして，オプション -withlog を指定すると，詳しいエラー情報がログファイル MaTX.log に出力される。

複数の MM-ファイルをコンパイルするときは，MM-ファイルを順番に並べ，
% matc main.mm sub1.mm sub2.mm sub3.mm

のようにする。実行可能型ファイルの名前は，引数として与えられた先頭のファイルのファイル名から拡張子を除いたものとなる (Windows の場合，拡張子は .exe となる。)。実行可能型ファイルの名前は -o prog のように指定できる。

## 11.7 コンパイラのオプション

matc のオプションを表 11.2 に示す。オプション -mm を指定すると，MM-ファイルから C ファイルを生成する。オプション -c を指定すると，MM-ファイルまたは C ファイルからオブジェクトファイルを生成する。これらのオプションは，コマンド make で複数のファイルを分割コンパイルするとき便利である。

例えば，4 つの MM-ファイルから実行ファイルを生成する例を次に示す。
 % matc –mm main.mm sub1.mm
 % matc –c sub2.mm
 % matc –c main.c
 % matc main.o sub1.c sub2.o sub3.mm

この例では，まず main.mm と sub1.mm からオプション -nomm を用い main.c と sub1.c を生成，次に sub2.mm から オプション -c を用い sub2.o を生成，そして前に生成した main.c から main.o を生成し，生成されたすべてのファイルから実行可能型ファイル main を生成する。Windows では，オブジェクトファイルの拡張子が .obj，実行可能型ファイルの拡張子が .exe となる。

## 11.7 コンパイラのオプション

表 11.2 matc のオプション

| オプション | 機能 |
|---|---|
| -mm | 各ファイルに対し C コンパイルを行わず c ファイルを生成する |
| -c | 各ファイルに対しリンクを行わず o ファイルを生成する obj ファイルを生成する (VisualC++版) |
| -o prog | 実行可能ファイルの名前を prog とする |
| -nomm | mm 以外の拡張子をもつファイルをコンパイルする |
| -nocpp | C プリプロセッサによる処理を行わない |
| -Darg | arg を C プリプロセッサにわたす |
| -MMdir | MM-ファイルの検索パスを指定する |
| -Ncdddd | 内部バッファの大きさを dddd バイトとする |
| -Npdddd | プログラムコードのサイズを dddd ステップとする |
| -checkblock | ブロック行列が使用される箇所を調べる |
| -checkpoly | ベクトルと多項式の係数を変換する箇所を調べる |
| -v | 処理経過に関する情報を表示する |
| -v4 | バージョン 4 モードで動作する |
| -v5 | バージョン 5 モードで動作する |
| -static | スタティックリンクを行う (SunOS, Solaris のみ) |
| -help | オプションを表示する |
| その他 | その他のオプションは C コンパイラにわたされる |

オプション -o を用いれば，生成される実行可能型ファイルの名前を指定できる．コンパイルするファイルの拡張子が .mm でないとき，オプション -nomm を指定する．C プリプロセッサ[注14]を必要としないとき，オプション -nocpp を指定する．C プリプロセッサにマクロを渡すにはオプション -D を用いる．オプション -MMdir を用いれば，MM-ファイルの検索パスを指定できる．

オプション -checkblock と -checkpoly を指定すると，それぞれブロック行列を使用する箇所と多項式の係数とベクトルを変換する箇所が表示される．バージョン 4 のユーザがバージョン 5 へ移行するときに利用する．

Mathematica や Maple の出力コードのように 1 個の式がとても長いとき，オプション -Nc で内部バッファのサイズを大きく，オプション -Np でプログラムコードのサイズを大きくする必要がある．内部バッファのデフォルトのサイズは $2^{18} = 262144$ バイト (MS-DOS 版は $2^{13} = 8192$ バイト)，プログラムコードの

---
[注14] 第 19 章参照．

デフォルトのサイズは $2^{18} = 262144$ ステップ (MS-DOS 版は $2^{13} = 8192$ ステップ) である。

オプション -v4 を指定すると，バージョン 4 モードで動作し，オプション -v5 を指定すると，バージョン 5 モードで動作する。オプション -v を用いると，C プリプロセッサ呼び出し，C コンパイラ呼び出しなどの内部処理の経過が表示される。Windows では，オプション -v を用いないと，matc が呼び出す C コンパイラのエラーメッセージは表示されない。オプション -help を指定すると，オプションの一覧が表示される。

なお，matc を引数なしで実行すると，インタラクティブ・モードで起動し，プロンプトを出力する。このモードは MATX の開発のために使用される。誤ってインタラクティブ・モードで起動した場合，UNIX なら C-D ( Ctrl キーを押しながら D ) を入力，Windows なら C-Z ( Ctrl キーを押しながら Z ) を入力すれば，matc が終了する。

## 11.8　MM-ファイルの実行形態の比較

MM-ファイルの実行形態には，インタプリタのコマンドラインから対話的に実行する方法，コンパイラで実行ファイルを生成し，一括的に実行する方法，シェルのコマンドラインから実行可能スクリプトとして実行する方法がある。MM-ファイルの実行形態の比較を表 11.3 に示す。1 回限りの計算をする場合は，スクリプトファイルが便利であり，再利用する可能性のある計算をする場合は，関数ファイルを作る方がよい。計算量が少ない場合は，インタプリタによる実行が便利であり，計算量が多い場合は，コンパイルして実行するのがよい。実行可能スクリプトを作れば，MATX の存在を意識せずに，計算を実行できる。

インタプリタ (matx) の実行時には __MATX__ が，コンパイラ (matc) の実行時には __MATC__ が自動的に 1 に定義される。これらを利用すれば，インタプリタとコンパイラで実行される部分を容易に分けられ，1 つの MM-ファイルを関数ファイ

ルとスクリプトファイルの両方の目的に使用できる[注15]。

表 11.3　MM-ファイルの実行形態の比較

| | | 関数ファイル | スクリプトファイル |
|---|---|---|---|
| matxのコマンドラインから実行 | 実行方法 | 関数を宣言するか関連するファイルをloadで読み込み，関数名を入力する。 | ファイルをloadで読み込む。最初の実行文から実行が始まる。 |
| | 変数 | 関数外では変数の宣言は必要ない。大域変数はコマンドラインから参照できる。 | 関数外では変数の宣言は必要ない。大域変数はコマンドラインから参照できる。 |
| matcでコンパイルして実行 | 実行方法 | matcで実行可能ファイルを生成し，シェルのコマンドラインから実行する。関数mainから実行が始まる。 | 実行不可 |
| | 変数 | すべての大域変数はmainの前で宣言されなければならない。 | 実行不可 |
| 実行可能スクリプトとして実行 | 実行方法 | シェルのコマンドラインでファイル名を入力する。実行を開始したい関数の名前をファイルの最後に書く。 | シェルのコマンドラインでファイル名を入力する。最初の実行文から実行が始まる。 |
| | 変数 | 関数外では変数の宣言は必要ない。 | 関数外では変数の宣言は必要ない。 |

## 11.9　スタートアップファイル

matxとmatcは，起動時にスタートアップファイルを読み込む。まず，システムスタートアップファイル MaTXRC.mm が以下の順に検索され，存在すれば読み込まれる。

1. 現在のディレクトリ
2. オプション -MM で指定したディレクトリ
3. 環境変数 MATXINPUTS が示すディレクトリ

   $\left(\begin{array}{l}\text{コロン：で区切って複数のディレクトリを指定できる。}\\ \text{Windowsではセミコロン；で区切る。}\end{array}\right)$

4. 環境変数 MATXDIR が示すディレクトリ内の inputs ディレクトリ

---

[注15] 第19章参照。

5. デフォルト MM-ファイルディレクトリ (コンパイル時に決定される)

次に, ユーザスタートアップファイル .matxrc(Windows では _matxrc) が以下の順に検索され, 存在すれば読み込まれる.

1. 現在のディレクトリ
2. 環境変数 HOME が示すディレクトリ

起動時に行いたい個人的な設定を .matxrc に記述しておくとよい. このファイルは matx と matc の両方が読み込むので, C プリプロセッサのマクロ __MATX__ や __MATC__ を使って, それぞれの設定をするとよい. 次に例を示す.

```
// .matxrc の例
#ifdef __MATX__
Func void ls(options, ...)
  String options;
{
  eval("!ls " + options);
}
#endif
```

この例では, UNIX の環境でファイルのリストを表示する関数 ls() が matx の起動時に定義される.

## 11.10 クイットファイル

matx は, 終了時にクイットファイルを読み込む. まず, システムクイットファイル MaTXOUT.mm が以下の順に検索され, 存在すれば読み込まれる.

1. 現在のディレクトリ
2. オプション -MM で指定したディレクトリ
3. 環境変数 MATXINPUTS が示すディレクトリ

$$\left(\begin{array}{l}\text{コロン：で区切って複数のディレクトリを指定できる.}\\ \text{Windows ではセミコロン；で区切る.}\end{array}\right)$$

4. 環境変数 MATXDIR が示すディレクトリ内の inputs ディレクトリ
5. デフォルト MM-ファイルディレクトリ (コンパイル時に決定される)

11.10 クイットファイル

次に，ユーザクイットファイル.matxout (Windows では_matxout) が以下の順に検索され，存在すれば読み込まれる．

1. 現在のディレクトリ
2. 環境変数 HOME が示すディレクトリ

終了時に行いたい個人的な設定を.matxout に記述しておくとよい．

# 第 12 章

# グラフィックス

　現バージョンの M$_A$TX は，外部のプロットツールを呼び出すことでグラフィック機能を提供する。ここでは，プロットツール gnuplot を呼び出すグラフィック関数群 mgplot について説明する。なお，gnuplot は gnuplot のホームページ

http://www.cs.dartmouth.edu/gnuplot_info.html

または gnuplot+のホームページ

http://www.ipc.chiba-u.ac.jp/~yamaga/gnuplot+/

からフリーで入手できる。

　gnuplot はコマンドを並べたスクリプトを用い関数やデータをプロットする非常に有用なツールであり，X-Window や Windows 95/98/NT などのウィンドウシステムに対応している。gnuplot は複数のデータを同時にウィンドウにプロットできるが，使用できるウィンドウの数は 1 個である。グラフィック関数群 mgplot は複数の gnuplot を管理することにより，複数のウィンドウへのグラフ表示を可能にする。また，gnuplot の **multiplot** 機能を用い，1 つのウィンドウに複数のグラフを表示する機能を提供する。

　mgplot には名前が mgplot_と gplot_で始まる関数が存在する。mgplot_xxx(win, ...) は第 1 引数に指定されたウィンドウ win(Integer 型) に描画し，gplot_xxx()

はカレントウィンドウに描画する。カレントウィンドウは最後にアクセスされたウィンドウである。

## 12.1　mgplot を使うための設定

UNIX のネットワーク環境の X-Window で gnuplot を使うとき，MATX を起動する前に環境変数 DISPLAY に使用する端末を設定する。例えば，ホスト名が touson である端末に表示するには，シェルが csh あるいは tcsh のとき，

　　% *setenv DISPLAY touson:0.0*

シェルが sh または bash のとき，

　　% *DISPLAY=touson:0.0*
　　% *export DISPLAY*

とする。また，2 個以上の gnuplot がインストールされている場合，使用したい gnuplot を環境変数 MATXGNUPLOT に指定する。例えば，UNIX の場合，コマンドラインで以下のように設定する。

　　% *setenv MATXGNUPLOT /usr/local/MaTX/bin/gnuplot*

Windows の場合，コマンドラインで以下のように設定する。

　　C:> *set MATXGNUPLOT=c:\app\MaTX\bin\gnuplot*

## 12.2　基本的なプロット

もし Y が横ベクトルなら，mgplot(win, Y) によって Y の成分とその成分の指数 (番号) を対応させた線形プロットが作成される。例えば，ある実数の集合

$$\{0.0,\ 0.48,\ 0.84,\ 1.0,\ 0.91,\ 0.6,\ 0.14\}$$

をプロットするには，その実数をベクトルの中に入れて mgplot() を次のように実行する。

　　>> *y = [0.0 0.48 0.84 1.0 0.91 0.6 0.14];*
　　>> *mgplot(1, y);*

## 12.2 基本的なプロット

この結果，gnuplot が起動され，図 12.1 のようにデータが自動的にスケールされウィンドウ上に表示される．

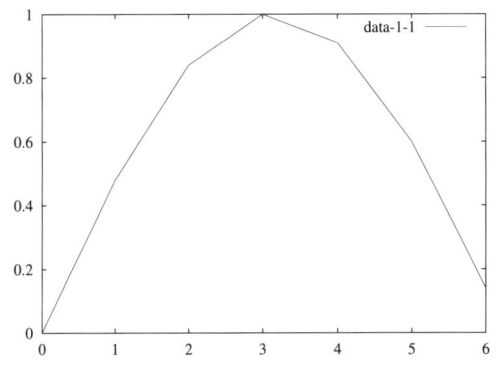

**図 12.1** 基本的なプロット

グラフが必要でなくなれば，

&gt;&gt; *mgplot_quit(1);*

で消去できる．`mgplot_quit()` を引数なしで呼び出すと，すべてのウィンドウが消去される．

もし x と y が同じ長さのベクトルなら，`mgplot(win,x,y)` によって x の成分と y の成分を対応させたプロットが作成される．例えば，

&gt;&gt; *t = [0.0:0.05:4*PI];*
&gt;&gt; *s = sin(t);*
&gt;&gt; *mgplot(1, t, s);*

によって，時刻 0.0 から $4\pi$ までの正弦波を描くことができる．描画結果を図 12.2 に示す．ウィンドウの右上にプロットした線のタイトル (キー) が表示される．タイトルを指定するには

&gt;&gt; *mgplot(1, t, s, {"sin(t)"});*

のようにする．関数 `mgplot_key(win,onoff)` の引数 onoff(Integer 型) に 1 を設定すると線のタイトル (キー) が表示され，0 を設定すると線のタイトル (キー)

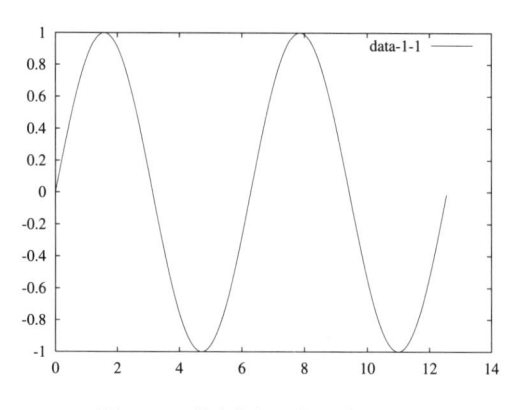

図 12.2 基本的な 2 次元プロット

が表示されない。また，引数 onoff を指定しないとオンオフが反転する。線のタイトルを消去するには

>> *mgplot_key(1, 0);*

のようにする。

グラフにグリッドを描くには mgplot_grid(win,onoff) を使う。引数 onoff (Integer 型) に 1 を設定するとグリッド線が表示され，0 を設定するとグリッド線が表示されない。また，onoff を省略するとオンオフが反転する。グラフのタイトルは mgplot_title(win,name)，横軸の名前は mgplot_xlabel(win,name)，縦軸の名前は mgplot_ylabel(win,name) で設定する。ただし，name は String 型である。mgplot_text(win,text,x,y) を使えば，グラフの任意の位置 (x,y)(Real 型) に文字 text(String 型) を書くことができる。例えば，以下の描画結果は図 12.3 となる。

>> *t = [0.0:0.05:4\*PI];*
>> *s = sin(t);*
>> *mgplot(1, t, s, {"sin(t)"});*
>> *mgplot_grid(1, 1);*
>> *mgplot_xlabel(1, "time [s]");*
>> *mgplot_ylabel(1, "y");*
>> *mgplot_title(1, "Sinusoidal Wave");*

>> *mgplot_text(1, "Sample for mgplot_text()", 7.0, 0.1);*

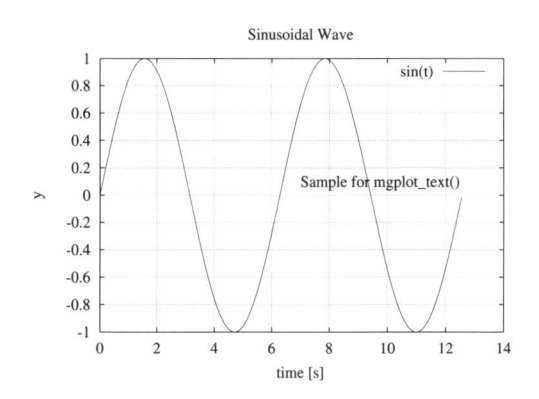

図 **12.3** グリッド，X 軸の名前，Y 軸の名前，タイトル

関数 mgplot_replot() を使用すると，ウィンドウが再描画される．関数 mgplot_reset(win) を呼び出すと，軸のラベル，グラフのタイトル，グリッドなどが初期状態に戻る．

## 12.3 複数の線のプロット

1 つのグラフ上に複数の線をプロットするには方法が 2 つある．1 つ目の方法は mgplot(win,X,Y) に行列 X と Y をわたす方法である．ただし，わたす行列の行の長さは同じでなければならない．X と Y がベクトルか行列かに応じて以下のようにプロットされる線が異なる．

- もし Y が行列で X がベクトルなら，mgplot(win,X,Y) は，ベクトル X に対して Y の各行を対応させ異なった線種で線を描く．
- もし X が行列で Y がベクトルなら，mgplot(win,X,Y) は，ベクトル Y に対して X の各行を対応させ異なった線種で線を描く．
- もし X と Y の両方が行列なら，mgplot(win,X,Y) は，Y の各行に対して X の各行を対応させ異なった線種で線を描く．

- もし mgplot(win,Y) のように X が指定されなかったら，Y の各成分とその成分の指数を対応させて異なった線種で線を描く．

例えば，正弦波と余弦波を同時に 1 つのグラフに描くには，

>> t = [0.0:0.05:4*PI];
>> s = sin(t);
>> c = cos(t);
>> mgplot(1, t, [[s][c]], {"sin(t)", "cos(t)"});

とする．描画結果を図 12.4 に示す．

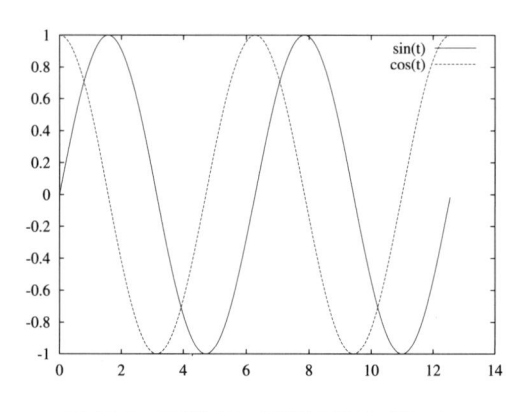

図 12.4　行列を用いた複数の線のプロット

1 つのグラフ上に複数の線をプロットする 2 つ目の方法は，関数 mgreplot() を使う方法である．この関数を使うと，古い線に新しい線が重ねてプロットされる．この方法を使えば，異なった長さの線を同一グラフ上にプロットすることができる．例えば，以下の例は 3 本の線を描くが，3 番目のデータの長さは 1 番目，2 番目と異なる．描画結果を図 12.5 に示す．

>> t1 = [0.0:0.05:4*PI];
>> t2 = [0.0:1.0:4*PI];
>> s1 = sin(t1);
>> c1 = cos(t1);
>> c2 = cos(t2);

```
>> mgplot(1, t1, s1, {"sin(t)"});
>> mgreplot(1, t1, c1, {"cos(t) (fine)"});
>> mgreplot(1, t2, c2, {"cos(t) (gross)"});
```

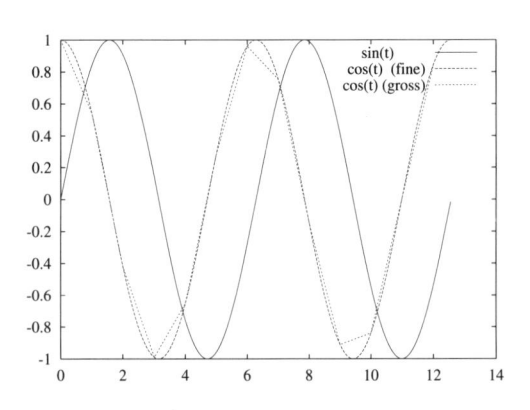

図 **12.5** 重ね描きによる複数の線のプロット

## 12.4 対数プロット

関数 `mgplot_semilogx()` を使うと，X 軸が $\log_{10}$，Y 軸が線形スケール (片対数スケール) でデータがプロットされる．関数 `mgplot_semilogy()` を使うと，Y 軸が $\log_{10}$，X 軸が線形スケール (片対数スケール) でデータがプロットされる．関数 `mgplot_loglog()` を使うと，X 軸と Y 軸が共に $\log_{10}$ スケール (両対数スケール) でデータがプロットされる．

例えば，以下のようにすれば，伝達関数が $G = \frac{1}{s+1}$ であるシステムのボード線図を得ることができる [24]．描画結果を図 12.6 と図 12.7 に示す．

```
>> s = Polynomial("s");
>> j = (0,1);
>> w = logspace(-2.0, 3.0);
>> G = 1/(s+1);
>> Gjw = eval(G, j*w);
```

```
>> g = 20*log10(abs(Gjw));
>> p = arg(Gjw)/PI*180;
>> mgplot_semilogx(1, w, g, {"gain"});
>> mgplot_semilogx(2, w, p, {"phase"});
```

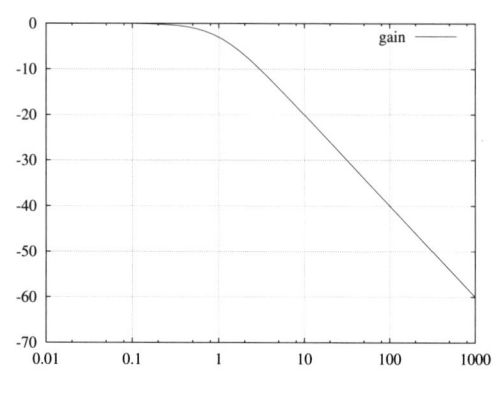

図 **12.6** ボード線図 (ゲイン)

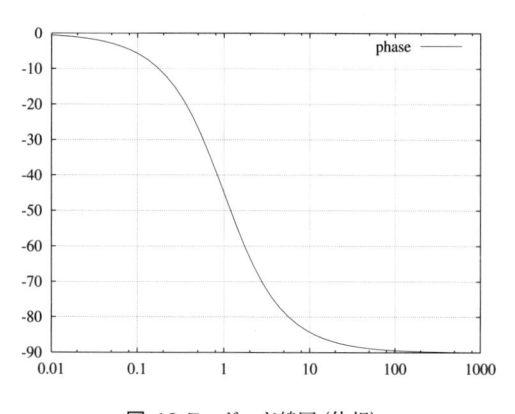

図 **12.7** ボード線図 (位相)

同じグラフに別のシステムのボード線図を描くには，関数`mgreplot_semilogx()`を用いる。

## 12.5 1個のウィンドウに複数のグラフ

`mgplot_subplot(win,m,n,p)` は，ウィンドウ win を m 行 n 列の長方形の面に分割し，p 番目の面をカレント面にする。これ以後，`mgplot()` 関連のすべての操作はこの面に対して行われる。面はウィンドウの一番上の行の左から右に，上から下の行に向かって数えられる。`mgplot_subplot(win,m,n,p)` は，指定した位置にすでに面が存在すれば，その面をカレント面にする。`mgplot(win,1,1)` または `mgplot(win,1,1,1)` はウィンドウ win に存在するすべての面を消去し，ウィンドウ全体を1個の面にする。

以下に，1個ウィンドウを4分割し，4個の異なるグラフをプロットする例を示す。

```
>> w = linspace(-PI,PI);
>> s = sin(w);
>> c = cos(w);
>> mgplot_subplot(1,2,2,1); mgplot(1,w,s,{"sin(x)"});
>> mgplot_subplot(1,2,2,2); mgplot(1,w,c,{"cos(x)"});
>> mgplot_subplot(1,2,2,3); mgplot(1,w,2*s,{"2sin(x)"});
>> mgplot_subplot(1,2,2,4); mgplot(1,w,2*c,{"2cos(x)"});
```

この例では，左上に $\sin(x)$，右上に $\cos(x)$，左下に $2\sin(x)$，右下に $2\cos(x)$ が表示される。描画結果を図 12.8 に示す。`mgplot_subplot()` を使用するには，バージョン pre3.6 以降の gnuplot が必要である。

## 12.6 (PS|FIG コード) ファイルに保存

関数 `mgplot_psout()` を使えば，ウィンドウに描画されたグラフを簡単にポストスクリプトファイルに保存できる。例えば，正弦波と余弦波をウィンドウに表示した後，ポストスクリプトファイルに出力するには次のようにする。

```
>> t = [0.0:0.1:2*PI];
>> s = sin(t);
>> c = cos(t);
```

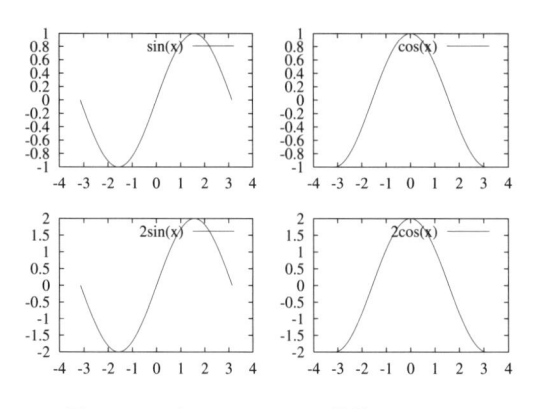

図 **12.8** 1個のウィンドウに複数のグラフ

&gt;&gt; *mgplot(1, t, [[s][c]], {"sin(t)", "cos(t)"});*
&gt;&gt; *mgplot_psout(1, "sin_cos.eps");*

関数 `mgplot_figcode()` を使えば，ウィンドウに描画されたグラフを簡単に **FIG** コードファイル[注1]に保存できる．例えば，正弦波と余弦波をウィンドウに表示した後，FIG コードファイルに保存するには次のようにする．

&gt;&gt; *t = [0.0:0.1:2\*PI];*
&gt;&gt; *s = sin(t);*
&gt;&gt; *c = cos(t);*
&gt;&gt; *mgplot(1, t, [[s][c]], {"sin(t)", "cos(t)"});*
&gt;&gt; *mgplot_figcode(1, "sin_cos.fig");*

## 12.7　コマンド

関数 `mgplot_cmd()` を使って任意のコマンドを gnuplot に送ることができる．複数のコマンドを一度に送るには，コマンドを改行 "\n" で区切る．例えば，

&gt;&gt; *mgplot_cmd(1, "set output 'afo.eps';\n replot;");*

のようにする．

---

[注1] FIG コードは xfig で編集できる．

関数 `mgplot_options()` によって gnuplot の起動オプションを指定できる．例えば，

&gt;&gt; *mgplot_options(1, "–geometry 400x300");*

のように指定すると，gnuplot のウィンドウの大きさが $400 \times 300$ となる．この関数は，他のグラフィック関数の前に呼び出さなければならない．

## 12.8 DOS で mgplot を使う

DOS[注2] の gnuplot はパイプに対応してないので，mgplot はコマンドをファイルに書き込み，そのファイル名を引数として gnuplot を起動する．mgplot は gnuplot に送ったすべてのコマンドを記録しているが，グラフを描画するたびに gnuplot を起動し直さなければならない．起動回数を減らすには `mgplot_hold(win, onoff)` 関数が役に立つ．引数 `onoff` (Integer 型) に 1 を設定するとホールドが設定され，ホールドが解除されるまで gnuplot は起動されない．0 を設定するとホールドが解除される．また，引数 `onoff` を指定しないと設定と解除が反転する．以下の例では，最後にホールドが解除され，gnuplot が起動される．

&gt;&gt; *x = linspace(–PI,PI);*
&gt;&gt; *mgplot_hold(1,1);*
&gt;&gt; *mgplot_subplot(1,2,1,1);  mgplot(1,x,sin(x),{"sin(x)"});*
&gt;&gt; *mgplot_subplot(1,2,1,2);  mgplot(1,x,cos(x),{"cos(x)"});*
&gt;&gt; *mgplot_hold(1,0);*

## 12.9 X-Window を必要としないグラフ表示

`mgplot()` が呼び出す gnuplot には Tektronix 4010 や hterm のグラフィックモードのドライバが組み込まれているので，Tektronix 4010 や hterm のグラフィックモードをサポートする端末ソフトウェア (kermit や vt98) を使えば，非グラフィック端末でもグラフを表示できる．グラフィックモードを設定するには環境変数 `MGPLOT_TERM` に `tek` や `hterm` を設定する．

---
[注2] MS-DOS や PC-DOS．

# 第13章

# 中級プログラミング

## 13.1 変数について

　C言語と同様に，変数には**局所変数**と**大域変数**がある。局所変数は関数の先頭の実行可能文の前で宣言し，関数内でのみ有効である。局所変数が占有したメモリ領域は，その関数が終了すると自動的に解放される。一方，大域変数は関数 main() が定義される前に宣言されなければならない[注1]。すなわち，すべての大域変数は関数 main() が定義されるファイルで main() より前で宣言されなければならない。

　大域変数は，大域的にアクセスできるから，それらは関数間のデータのやりとりについては，関数の引数と戻り値の代用にすることができる。しかしながら，この方法は注意して用いねばならない。なぜなら，それはプログラム構造に悪い影響を与え，関数間で多くのデータが結合したプログラムを作ることになるからである。

　なお，大域変数は0に初期化されることが保証されるので，ユーザが陽に初期化する必要はない。リスト[注2]は成分が0個のリストとして，行列，配列，指数は

---

[注1] インタプリタの場合，変数が参照されるまでに定義されればよい。
[注2] 第18章参照。

$0 \times 0$ の行列，配列，指数として，文字列は長さ 0 の文字列として初期化される。したがって，必要に応じて関数 `length()` で大きさを調べ，陽に初期化する必要がある。一方，局所変数の初期値は不定なので，使用する前に必ず初期化しなければならない。

MM-ファイルをコンパイルするには，すべての変数について宣言が必要である。一方，MM-ファイルをインタプリタで使用する場合，関数内で使用する局所変数のみの宣言が必要であり，大域変数の宣言は必要ない。

インタプリタの実行中，関数の外側では，どんなデータでもその型に関係なく任意の変数に代入することができる。すなわち，左辺の変数の型と右辺のデータの型が一致しなくても，代入は成功する。一方，コンパイラは関数の外側での代入を許さない。関数の内側では，代入において左辺の変数の型と右辺のデータの型は一致しなければならない。ただし，**自動型変換**[注3]によって，異なる型のデータの代入が可能となる場合がある。

### 13.1.1 変数の宣言

変数は型名に続けて変数を 1 個以上カンマ","で区切って宣言する[注4]。変数名は，英文字またはアンダスコア"_"で始まる任意長の英数字文字列であり，大文字と小文字は区別される。組込み関数の名前やコマンド名等は，変数名として使用できない。

大域変数の**宣言**とその**定義**の区別は重要である。宣言は変数の性質を指示するものであるが，定義はメモリへの値の割付けも行う。ただし，インタプリタでは，大域変数の宣言によってメモリへ値の割付けも行われる。

### 13.1.2 通用範囲に関する規則

プログラムを構成する関数と大域変数は，すべてを同時にコンパイルする必要はない，プログラムのソース・テキストを数個のファイルに保存しておき，以前

---

[注3] 13.2 節参照。
[注4] 現在のバージョンでは，変数は宣言の中で初期化できない。

にコンパイルしたルーチンをライブラリからロードしてもよい。

　変数の名前の通用範囲は，その名前が定義されるプログラムの部分である。関数の始めに宣言される局所変数では，通用範囲はその名前が宣言される関数であり，同じ名前の局所変数が別の関数にあってもこれとは関係がない。同じことは関数の引数についても言える。それらは実質的には局所的だからである。

　関数の通用範囲は，コンパイルされるべきファイルで宣言された点からそのファイルの終わりまで続く。一方，大域変数が定義される前に参照されたり，関数main()が定義されるファイルと別のソース・ファイルで参照されたりすると，extern宣言が必要となる。例えば，関数main()が定義されるファイルで，大域変数Aが次のように定義されているとする。

```
Matrix A;

Func void main()
{
    void afo();

    A = [[1 2][3 4]];
    afo();
}
```

このとき，別のファイルで大域変数Aを参照するには，次のようにextern宣言する必要がある。

```
extern Matrix A;

Func void afo()
{
    print A;
}
```

# 13.2　型変換

## 13.2.1　自動型変換

　型の異なるデータの演算では，図13.1に示す**自動型変換規則**にしたがって型変換が行われる。例えば，整数と実数の演算では整数が実数に変換されたのち，演算が行われ，結果は実数となる。

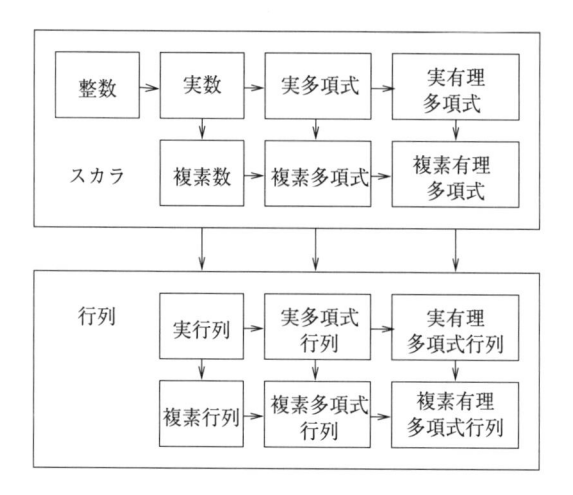

図 13.1 自動型変換規則

## 13.2.2 明示的な型変換

型の異なるデータの演算では，明示的な型変換が必要な場合がある．例えば，$1 \times 1$の行列はスカラとして扱われないので，次の演算はエラーとなる．

```
>> A = ([1 2 3] * [4 5 6]') * [[1 2][3 4]]
(1x1) * (2x2) : Inconsistent size in MatMul().
```

次にように，$1 \times 1$の行列の(1,1)成分を取り出す必要がある．

```
>> A = [[1 2 3] * [4 5 6]'](1) * [[1 2][3 4]]
=== [A] : ( 2, 2) ===
              ( 1)             ( 2)
   ( 1)   3.20000000E+01  6.40000000E+01
   ( 2)   9.60000000E+01  1.28000000E+02
```

型名と同じ名前の**型変換関数**を用い，型を変換することができる．次の例では，CとDは一致する．

```
>> A = [[1 2][3 4]];
>> B = [[5 6][7 8]];
>> C = A .* B
=== [C] : ( 2, 2) ===
```

162

```
                ( 1)           ( 2)
(  1)   5.00000000E+00   1.20000000E+01
(  2)   2.10000000E+01   3.20000000E+01
>> D = Array(A) * Array(B)
=== [D] : ( 2, 2) ===
                ( 1)           ( 2)
(  1)   5.00000000E+00   1.20000000E+01
(  2)   2.10000000E+01   3.20000000E+01
```

次の例では，型変換関数 String() は整数を文字列に変換する．

```
A = [[1 2][3 4]];
for (i = 1; i <= 10; i++) {
    print A*i >> "A-" + String(i) + ".mat";
}
```

## 13.3　可変個の引数をもつ関数

### 13.3.1　引数の個数の最大値がわかる場合

関数定義の引数リストの最後に連続する3個のピリオド "..." を追加すれば，引数の数を可変にできる．実際にわたされた変数の個数は nargs(Integer) に設定される．次に例を示す．

```
Func Matrix afo(a, b, c, ...)
    Matrix a, b, c;
{
    switch (nargs) {
      case 0: return [];        break;
      case 1: return a;         break;
      case 2: return a + b;     break;
      case 3: return a + b + c; break;
      default:
        error("afo(): Incorrect number of arguments\n");
        return [];
    }
}
```

可変個の引数をもつ関数を宣言するとき，

```
Matrix afo(...);
```

のように括弧の中に連続する3個のピリオド "..." を書く．関数 afo() の実行例を次に示す．

```
>> a = [[1 2][3 4]];
>> afo();
=== [ans] : (  0,  0) ===
>> afo(a);
=== [a] : (  2,  2) ===
            (   1)            (   2)
(   1)   1.00000000E+00   2.00000000E+00
(   2)   3.00000000E+00   4.00000000E+00
>> afo(a,a,a);
=== [ans] : (  2,  2) ===
            (   1)            (   2)
(   1)   3.00000000E+00   6.00000000E+00
(   2)   9.00000000E+00   1.20000000E+01
```

### 13.3.2　引数の個数の最大値がわからない場合

リスト[注5]を利用し，可変個の引数をもつ関数を定義できる．この方法は，引数の個数の最大値がわからない場合にも使える．例として，引数としてわたされた行列の和を返す関数を以下に示す．ただし，引数の行列の大きさは，すべて等しいと仮定する．

```
Func Matrix sum_mat(args)
    List args;
{
    Integer i, argn;
    Matrix ss;

    argn = length(args);
    if (argn == 0) {
        return [];
    }
    ss = args(1, Matrix);
    for (i = 2; i <= argn; i++) {
      ss = ss + args(i, Matrix);
    }
    return ss;
}
```

関数を呼び出すとき，引数からなるリストを引数としてわたす．関数 sum_mat() の呼び出しは，次のようになる．

---

[注5] 第18章参照．

```
>> a = [[1 2][3 4]];
>> sum_mat({})
=== [ans] : (  0,  0) ===]
>> sum_mat({a, a, a, a})
=== [ss] : (  2,  2) ===
                 (  1)             (  2)
(  1)   4.00000000E+00  8.00000000E+00
(  2)   1.20000000E+01  1.60000000E+01
```

## 13.4 複数個の値を返す関数

リストを利用し，複数個の戻り値を返す関数を定義できる．例えば，2個の行列を受取り，その和と差を返す関数は次のようになる．

```
Func List add_sub(a, b)
    Matrix a, b;
{
    return {a+b, a-b};
}
```

関数の実行例を次に示す．

```
>> a = [[1 2][3 4]];
>> b = [[5 6][7 8]];
>> {c, d} = add_sub(a, b);
>> print c,d;
=== [c] : (  2,  2) ===
                 (  1)             (  2)
(  1)   6.00000000E+00  8.00000000E+00
(  2)   1.00000000E+01  1.20000000E+01
=== [d] : (  2,  2) ===
                 (  1)             (  2)
(  1)  -4.00000000E+00 -4.00000000E+00
(  2)  -4.00000000E+00 -4.00000000E+00
```

もし関数の返すリストが左辺のリストより長いなら，関数の返すリストの前の方の成分だけが左辺のリストに代入される．

## 13.5 再帰関数

再帰的に呼び出す関数 (**再帰関数**) の例を次に示す．

## 13 中級プログラミング

```
Func Integer factorial(x)
    Integer x;
{
    if (x == 0) {
        return 1;
    } else {
        return x*factorial(x-1);
    }
}
```

この関数は階乗を計算する。参照わたしされる型の引数[注6]をもつ再帰関数を記述するときは，その引数を変更しないよう注意する必要がある。

## 13.6　エラー停止する

関数 error() を使用すると，実行が停止され，エラーメッセージが標準エラー出力に出力される。引数がない場合は，単に実行が停止する。引数の長さが0の文字列ならば，エラーは無視される。次の例のように，この関数には関数 printf()[注7]と同じ書式を指定できる。

```
Func void add(A, B)
    Matrix A, B;
{
    if (Rows(A) != Rows(B) || Cols(A) != Cols(B)) {
        error("add(): Dimension error A(%d,%d), B(%d,%d)\n",
            Rows(A), Cols(A), Rows(B), Cols(B));
    }
    print A + B;
}
Func void afo(A, B)
    Matrix A, B;
{
    add(A, B);
}
```

実行例を次に示す。

>> A = [1];
>> B = [[1 2][3 4]];

---

[注6] 15.1節参照。
[注7] 16.5節参照。

```
    >> afo(A,B)

    add(): Dimension error A(1,1), B(2,2)
    Error was found in add() from afo().
```

インタプリタで実行すると，引数の文字列だけでなく，エラーが発生した個所に関する情報も表示される。オプション -withlog を用いれば，ログファイル MaTX.log にもエラーメッセージが出力される。

## 13.7 警告を表示する

関数 warning() を使用すると，警告メッセージが標準エラー出力に出力されるが，プログラムの実行は継続される。引数の長さが 0 の文字列ならば，警告は無視される。次の例のように，この関数には関数 printf() と同様の書式を指定できる。

```
    warning("Poles lie on the imaginary axis at (%f, %f)\n",
            Re(p), Im(p));
```

インタプリタで実行すると，引数の文字列だけでなく，警告が発生した個所に関する情報も表示される。オプション -withlog を用いれば，ログファイル MaTX.log にも警告メッセージが出力される。

関数 fprintf() を用いても，標準エラー出力にメッセージを出力できる。標準エラー出力[注8]のファイルディスクリプタは 2 なので，次のようにすればよい。

```
    fprintf(2, "Poles lie on the imaginary axis at (%f, %f)\n",
            Re(p), Im(p));
```

## 13.8 代入式

M$_A$TX の代入は，C 言語の代入式と同様に式として処理される。ただし，代入式は右から左に評価され，一番右の値が左へ伝播される。例えば，4 個の行列に初期値として $2 \times 3$ の零行列を代入するには次のようにすればよい。

```
    A = B = C = D = Z(2,3);
```

---

[注8] 14.4 節参照。

## 13.9　メニューを表示する

メニューを表示するには，関数 menu() を使用する。第 1 引数に表示する文字列を成分とするリスト，第 2 引数にメニュー番号の初期値を指定する。メニュー番号は省略でき，省略すると初期値は 1 となる。リストの 1 番目の成分はメニューのタイトル，2 番目の成分がメニューの 1 番に対応する。例えば，

>> *menus = {"Sample of MENU", "item1", "item2", "item3", "item4"};*
>> *mode = menu(menus);*

を実行すると，次のようなメニューが表示される。

```
        Sample of MENU
            1. item1
            2. item2
            3. item3
            4. item4
        Select a menu number:
```

矢印キーで移動し，リターンを入力すると，そのメニューが選択され，選択されたメニューの番号 (整数) が返される。メニューのキーバインディングを表 13.1 に示す。C-N は，Ctrl キーを押したまま N キーを同時に押すことを意味する。

表 13.1　メニューのキーバインディング

| 機能 | キー |
| --- | --- |
| 下移動 | C-N または j または ↓ |
| 上移動 | C-P または k または ↑ |
| i 番のメニュー | 数字 i (0〜9) |
| 10 以上の番号を選択 | + を 1 回で 10 |
|  | + を 2 回で 20 |
| 決定 | リターン |

## 13.10 画面をクリアする

画面をクリアするには，コマンド clear を使用する。

&gt;&gt; *clear;*

## 13.11 ベルを鳴らす

ベルを鳴すには，関数 bell() を使用する。

&gt;&gt; *bell();*

## 13.12 停止する

プログラムを停止するには，コマンド pause を使用する。引数なしで使用すると，何かキーが入力されるまで停止する。文字列を引数にすると，その文字列が表示される。

&gt;&gt; *pause;*
&gt;&gt; *pause "Hit Any Key\n";*

次に示すように停止する時間 (秒) で指定できる。

&gt;&gt; *pause 3.5;*
&gt;&gt; *pause "five seconds\n", 3.5;*

# 第 14 章

# ファイル操作

## 14.1 MM-ファイルの読み込み (matx のみ)

MM-ファイルは，インタプリタのコマンドラインからコマンド load で読み込むことできる。ファイル名をカンマ "," で区切って，複数のファイルを同時に指定できる。なお，拡張子 mm は省略できる。例えば，

&gt;&gt; load "main.mm", "sub1.mm", "sub2.mm", "sub3.mm";

は，4 個のファイルを読み込む。

MM-ファイルは，

1. 現在のディレクトリ
2. オプション -MM で指定したディレクトリ
3. 環境変数 MATXINPUTS に定義されたディレクトリ以下のすべてのディレクトリ

   （コロン : で区切って複数のディレクトリを指定できる。
   Windows では，セミコロン ; で区切る。）

4. 環境変数 MATXDIR で定義されるディレクトリ内の inputs ディレクトリ以下のすべてのディレクトリ

14 ファイル操作

5. デフォルト MM-ファイルディレクトリ以下のすべてのディレクトリ (コンパイル時に決定される)

の順番で探索される。環境変数 LANG に ja, japanese, ja_JP* [注1] が設定されていて，各ディレクトリに ja というディレクトリが存在すれば，そこが先に検索される。読み込むファイルを次のように絶対パスで指定できる。

&gt;&gt; load "/usr/local/tmp/file.mm";

Windows の絶対パスの区切り文字はスラッシュ / と逆スラッシュ \ のどちらでもよい。

&gt;&gt; load "c:/tmp/file.mm";

ただし，文字列中の \t や \n などは特殊文字として解釈されるので，

&gt;&gt; load "c:\\tmp\\file.mm";

のように逆スラッシュ \ を重ねる必要がある。ファイル名を指定しないで

&gt;&gt; load

とすると，現在のディレクトリにファイル MaTX.mm が存在すれば，それが読み込まれる。

## 14.2 データファイルの入出力

ここでは，データをファイルに保存したりファイルから読み込む方法について説明する。

### 14.2.1 一般データの入出力

データを画面 (標準出力) に出力するにはコマンド print を用いるが，出力先を -> "file" によってファイルにリダイレクトすることができる。ファイル名の拡張子は通常 .mx を用いる。拡張子は省略可能である。このとき，データは MX

---

[注1] ja_JP で始まる任意の文字列。

データフォーマットでファイルに保存される。複数のデータをカンマ","で区切って並べ，1つのファイルに保存できる。次に例を示す。

>> a = 1;
>> b = "hello";
>> c = [[1 2][3 4]];
>> d = {1, 1.2, (3,4)};
>> print a, b, c, d -> "data.mx";

この方法はデータをメモリに登録されている形式でファイルに保存するので，データの精度が保存される。また，システム (CPU や OS) の情報も同時に保存されるので，アーキテクチャの異なるシステムでもデータを共有できる。

データをキーボード (標準入力) から入力するにはコマンド read を用いるが，入力先を <- "file" によってファイルにリダイレクトできる。ファイル名の拡張子は通常 .mx を用いる。拡張子は省略可能である。この方法で読み込めるのは MX データフォーマットのデータである。先の例で保存したデータを読み込むには次のようにする。

>> read a, b, c, d <- "data.mx";

読み込むデータの数はファイルに保存されているデータの数より少なくてもよい。インタプリタの場合，次のようにファイル名だけを指定すると，

>> read <- "data.mx";

ファイルに保存されているすべてのデータが，保存されたときと同じ名前の変数に読み込まれる。次に示すように入力先を変更する記号 <- は式の中に現われる可能性がある。

>> print 0<-a;

この式は-a が正である (0 より大きい) か調べる意図で書かれているが，< と - の間にスペースがないので，まとめて <- として解釈され，文法エラーとなる。< と - の間にスペースを入れると意図通りに解釈される。

## 14.2.2 外部プログラムとの行列データの交換

行列を保存する形式である MAT ファイル (**MAT データフォーマット**) はテキスト (アスキー) ファイルであり, 非常にシンプルなので, 外部プログラムとデータを交換するのに適する. 行列を MAT データフォーマットで保存するにはコマンド print を出力先をファイルに変更する >> "file" と一緒に使う. ファイル名の拡張子は, 通常 .mat を用いる. 次に例を示す.

```
>> A = [[1 2][3 4]];
>> print A >> "A.mat";
```

MAT データフォーマットのデータを読み込むにはコマンド read を入力先をファイルに変更する << "file" と一緒に使う. 先の例で, MAT データフォーマットで保存したデータを読み込むには, 次のようにする.

```
>> read A << "A.mat";
```

## 14.2.3 バイナリデータの入出力

fread(fd, size, type) は指定したファイルからバイナリデータを読み込み, それを成分とする行ベクトルを返す. 読み込みに失敗すると, $0 \times 0$ の行列を返す. fd(Integer 型) は関数 fopen()[注2] が返すファイルディスクリプタ, size(Integer 型) は読み込むデータ数, type(String 型) は読み込むデータの型である. type には, C 言語のデータの型を文字列で指定する. 表 14.1 に指定できる型を示す. ただし, システムによって符合あり (signed) の型を指定できない場合がある. また, 関数 fread() の 4 番目の引数に 1 を指定すると, バイナリデータの数値形式 (Endian)[注3] が変更される.

fwrite(fd, mat, type) は行列の成分を指定したファイルに指定したデータ型のバイナリで書き込む. データは行の順に書き込まれる. fd(Integer 型) は関数 fopen() が返すファイルディスクリプタ, mat(Matrix 型) は書き込む行列,

---

[注2] 14.3 節参照.
[注3] IEEE Big Endian と Little Endian.

表 14.1　バイナリデータの型

| type | データ型 |
|---|---|
| "char" | 文字 (8 bits) |
| "signed char" | 符合あり文字 (8 bits) |
| "unsigned char" | 符合なし文字 (8 bits) |
| "short" | 整数 (16 bits) |
| "signed short" | 符合あり整数 (16 bits) |
| "unsigned short" | 符合なし整数 (16 bits) |
| "int" | 整数 (16,32,64 bits) |
| "signed int" | 符合あり整数 (16,32,64 bits) |
| "unsigned int" | 符合なし整数 (16,32,64 bits) |
| "long" | 整数 (32 bits) |
| "signed long" | 符合あり整数 (32 bits) |
| "unsigned long" | 符合なし整数 (32 bits) |
| "float" | 単精度浮動小数点数 (32 bits) |
| "double" | 倍精度浮動小数点数 (32 bits) |

type(String 型) は書き込むデータの型である．type には表 14.1 に示された C 言語のデータの型を文字列で指定する．

行列の成分を int 型のバイナリでファイルに保存し，そのデータを別の行列に読み込む例を以下に示す．

```
// 行列 A を int 型のバイナリデータとして保存する
A = [1 2 3 4 5];
fd = fopen("data", "w");
fwrite(fd, A, "int");
fclose(fd);

// 5 個の int 型のバイナリデータを行列 B に読み込む
fd = fopen("data", "r");
B = fread(fd, 5, "int");
fclose(fd);

// 3 個の double 型のバイナリデータを Endian を変更
// し，行列 C に読み込む
fd = fopen("data", r");
C = fread(fd, 3, "double", 1);
fclose(fd);
```

なお，使用中の計算機のバイナリの数値形式 (Endian) は，関数 machine_endian() で調べられる．この関数は IEEE Little Endian (PC, 386, 486, etc.) のとき 0 を返し，IEEE Big Endian (SPARC, Motorola, etc.) のとき 1 を返す．

### 14.2.4 データを MM-ファイルとして保存する

データを MM-ファイルとして保存するには，コマンド save を使用する．次に示すように，保存するデータをカンマ"," で区切って並べ，最後にファイル名を指定する．

```
>> a = 1;
>> b = "hello";
>> c = [[1 2][3 4]];
>> d = {1, 1.2, (3,4)};
>> save a, b, c, d, "data.mm";
```

拡張子を省略すると拡張子は mm となる．インタプリタ (matx) の場合，

```
>> save "data"
```

のようにファイル名だけを指定すると，すべての大域変数が保存され，

```
>> save
```

のように，何も指定しないとファイル MaTX.mm にすべての大域変数が保存される．コマンド save は関数の内側でも外側でも[注4]使用できる．しかし，保存したデータを読み込むコマンド load は，インタプリタのコマンドラインからしか使用できない．

## 14.3 一般ファイルの入出力

C 言語と同様にファイルをオープン fopen() し，関数 fprintf() でデータをファイルに出力したり，関数 fscanf() でデータをファイルから読み込むことができる．fopen("file", mode) はファイルのオープンに成功すると正の整数 (ファイルディスクリプタ) を返し，オープンに失敗すると負の整数を返す．mode(String型) には，表 14.2 に示す文字列を組み合わせて用いる．以後，ファイルディスクリプタを使ってファイルにアクセスする．不要になったファイルは関数 fclose() で閉じる．ファイルディスクリプタを用いたファイル入出力の例を次に示す．ま

---

[注4] コマンド save はインタプリタでもコンパイラでも使用できる．

表 14.2 ファイルをオープンするモード

| 指定する文字 | モード |
|---|---|
| "r" | 読み込み用 |
| "w" | 書き込み用 |
| "a" | 追加書き込み用 |

ず，ファイル afo を書き込み用にオープンし，関数 fprintf() でデータを書き込む．次に，同じファイルを読み込み用にオープンし，関数 fscanf() でデータを読み込む．関数 fscanf() は，読み込んだデータからなるリストを返す．

```
if ((id1 = fopen("afo", "w")) < 0) {
    error("Can't open %s", "afo");
}
fprintf(id1, "%d %f %s", 10, 3.1415, "Hello");
fclose(id1);

if ((id2 = fopen("afo", "r")) < 0) {
    error("Can't open %s", "afo");
}
{a, b, c} = fscanf(id2, "%d %lf %s");
fclose(id2);
```

関数 fprintf() と fscanf() の第 1 引数に，直接ファイルを指定できる．例えば，

```
fprintf("afo", "%d %f %s", 10, 3.1415, "Hello");
{a, b, c} = fscanf("afo", "%d %lf %s");
```

とすると，ファイル afo がオープンされ，データ入出力が行われ，ファイル afo がクローズされる．データを 1 度だけ読み書きする場合は，この方法が便利である．ただし，データを何度も読み書きする場合は，ファイルのオープンとクローズが繰り返されるので効率が非常に悪い．

## 14.4 標準入力，標準出力，標準エラー出力

データを書式を指定して画面 (標準出力) に出力するには関数 printf() を使用し，データを書式を指定してキーボード (標準入力) から入力するには関数 scanf() を使用する．ファイルディスクリプタの 0 は標準入力に，1 は標準出力に，2 は標準エラー出力に設定されているので，

```
{a, b, c} = scanf("%d %lf %s");
{a, b, c} = fscanf(0, "%d %lf %s");
```

の2行は等価であり

```
printf("Hello world\n");
fprintf(1, "Hello world\n");
```

の2行も等価である。データを標準エラー出力に出力するには

```
fprintf(2, "Can't open the file\n");
```

のようにすればよい。ファイルディスクリプタと入出力先の関係を表14.3に示す。

表 14.3 標準入力，標準出力，標準エラー出力の指定

| 入出力先 | ファイルディスクリプタ |
|---|---|
| 標準入力 | 0 |
| 標準出力 | 1 |
| 標準エラー出力 | 2 |

## 14.5 ファイルの終端の検出

関数fopen()によってオープンしたファイルからデータを読み込むとき，ファイルの終端を検出したいことがある。C言語と同様に関数feof()によって，それを検出できる。関数feof()に調べたいファイルのディスクリプタを指定すると，ファイルの終端に達していれば1(整数)が，終端に達していなければ0(整数)が，ファイルがオープンされていなければ−1(整数)が得られる。

## 14.6 ファイルのアクセス権を調べる

関数access()でファイルのアクセス権を調べられる。アクセス権がある場合，0(整数)が返され，アクセス権がない場合，0(整数)以外の値が返される。第2引数には調べたいアクセス権を表14.4に示す文字列を組み合わせて使用する。モー

表 14.4 ファイルのアクセス権

| 指定する文字 | 調べるアクセス権 |
|---|---|
| "f" | ファイルが存在するか |
| "x" | ファイルを実行できるか |
| "w" | ファイルに書き込めるか |
| "r" | ファイルを読み込めるか |

ドが省略された場合，読み込みに関するアクセス権が調べられる．次の例では，ファイル afo.mm に関するアクセス権を調べる．

```
i = access("afo.mm", "f");
if (i == 0) {
  print "afo.mm exists.";
} else {
  print "afo.mm doesn't exist.";
}
i = access("afo.mm", "w");
if (i == 0) {
  print "afo.mm can be changed";
} else {
  print "afo.mm cann't be changed.";
}
```

## 14.7　ディレクトリを変更する

作業ディレクトリを変更するには，コマンド chdir を使用する．

>> *chdir "/usr/local/tmp";*

ただし，文字列中の \t や \n などは特殊文字として解釈されるので，Windows では逆スラッシュ \ を重ねる必要がある．

>> *chdir "c:\\tmp";*

## 14.8　ファイル入出力

ファイル入出力に関するコマンドと関数の特徴をまとめたものを表 14.5 に示す．コマンド load は，コンパイラ matc で使えないが，C プリプロセッサによる

14 ファイル操作

表 14.5 ファイル入出力一覧

| | matx | matc | データ型 | データ数 | フォーマット | 種類 |
|---|---|---|---|---|---|---|
| print -> | ○ | ○ | 任意の型 | 複数 | MXフォーマット | バイナリ |
| read <- | ○ | ○ | 任意の型 | 複数 | MXフォーマット | バイナリ |
| save | ○ | ○ | 任意の型 | 複数 | MM-ファイル | テキスト |
| load | ○ | × | 任意の型 | 複数 | MM-ファイル | テキスト |
| #include | △ | ○ | 任意の型 | 複数 | MM-ファイル | テキスト |
| print >> | ○ | ○ | 行列 | 単数 | MATフォーマット | テキスト |
| read << | ○ | ○ | 行列 | 単数 | MATフォーマット | テキスト |
| fprintf | ○ | ○ | スカラ型 | 複数 | なし(ストリーム) | テキスト |
| fscanf | ○ | ○ | スカラ型 | 複数 | なし(ストリーム) | テキスト |
| fwrite | ○ | ○ | スカラ型 | 複数 | なし(ストリーム) | バイナリ |
| fread | ○ | ○ | スカラ型 | 複数 | なし(ストリーム) | バイナリ |

#include で代用できる[注5]。ただし，include は，インタプリタのコマンドラインからは使用できない。

---

[注5] 第19章参照。

# 第 15 章

# 上級プログラミング

## 15.1 関数の引数について

　関数の間でデータをやりとりする 1 つの方法は，呼び出しを行う関数から相手の関数に対し，引数と呼ばれる値のリストをわたすやり方である．整数，実数は値わたしされ，呼び出し側の変数のコピーが関数にわたされるので，呼び出された関数内で変数を書き換えても呼び出し側の変数に影響はない．一方，文字列，複素数，行列，配列，指数，多項式，有理多項式，リストは参照わたしされ，呼び出し側の変数自身が関数にわたされるので，呼び出された関数内で変数を書き換えると，呼び出し側の変数も値が変る．この引数わたしの違いに注意しないと，発見しにくいバグを作ってしまう危険性がある．インタプリタ (matx) には，参照わたしされた変数が呼び出された関数内で書き換えられたかチェックするオプション -checkarg[注1]があるので，必要に応じて利用するとよい．参照わたしされた変数を関数内で書き換える例を次に示す．

```
    Func void foo(b)
        Matrix b;
    {
        b = [2];
    }
```

---

[注1] 11.5 節参照．

## 15 上級プログラミング

実行例を次に示す。

```
>> a = [1];
>> print a;
=== [a] : (   1,   1) ===
              (   1)
(   1)   1.00000000E+00
>> foo(a);
>> print a;
=== [b] : (   1,   1) ===
              (   1)
(   1)   2.00000000E+00
```

まず，変数 a に 1 が設定される。そして，a は関数 foo() に参照わたしされ，そこで 2 が設定される。関数から戻って，a を表示すると，a の値が 2 に変わったことがわかる。

## 15.2 関数を引数として関数にわたす

関数を引数として関数にわたすことができる。関数は参照わたしされる。ただし，C 言語の関数のポインタに相当するもはなく，関数の参照を変数に代入することはできない。関数を引数としてわたす例題を次に示す。

```
Func void func(op, a, b)
    void op();
    Matrix a, b;
{
    op(a, b);
}

Func void add(a, b)
    Matrix a, b;
{
    print a + b;
}

Func void mul(a, b)
    Matrix a, b;
{
    print a * b;
}
```

実行例を次に示す。

```
>> a = b = [[1 2][3 4]];
>> func(add, a, b);
=== [ans] : (  2,  2) ===
                (  1)          (  2)
(  1)   2.00000000E+00  4.00000000E+00
(  2)   6.00000000E+00  8.00000000E+00
>> func(mul, a, b);
=== [ans] : (  2,  2) ===
                (  1)          (  2)
(  1)   7.00000000E+00  1.00000000E+01
(  2)   1.50000000E+01  2.20000000E+01
```

関数を引数として受け取る `func()` に関数 `add()` と `mul()` をわたすと動作が変ることがわかる。

## 15.3　引数の型によって動作を変える関数

リストの成分の型を調べる関数 `typeof()` [注2] を用いれば，引数の型に応じて動作を変える関数を定義できる。次の例は，引数の型に応じて表示する文字列を変える。

```
Func void foo(args)
    List args;
{
    Integer i;

    for (i = 1; i <= length(args); i++) {
      switch (typeof(args,i)) {
        case Integer : print "Integer\n"; break;
        case Real:     print "Real\n";    break;
        case Complex:  print "Complex\n"; break;
        case String:   print "String\n";  break;
        case Matrix:   print "Matrix\n";  break;
        default:       print "Others\n";  break;
      }
    }
}
```

実行例を次に示す。

```
>> foo({1, [1], "hello"})
```

---
[注2] 18.6 節参照。

```
Integer
Matrix
String
```

## 15.4　require 修飾子付関数宣言

　関数宣言を require 修飾子付で行うと，その関数が定義されているファイルを指示できる．例えば，

```
    void mg_main(), mg_sub1(), mg_sub2() require "mg.mm";
```

は，関数 mg_main(), mg_sub1(), mg_sub2() がファイル mg.mm で定義されていることを宣言する．この宣言により，どの関数が呼ばれても，自動的にファイル mg.mm が読み込まれる．ファイルが1度読み込まれれば，別の関数が呼ばれても mg.mm が再び読み込まれることはない．

　関数名とファイル名が一致すれば，宣言された関数が呼び出されると必要なファイルが自動的に読み込まれるが，require 修飾子を用いれば関数名と異なる名前のファイルに関数を定義できる．例えば，

```
    Matrix PoleAssignSISO() require "poleasgn.mm";
```

によって，長い名前の関数 PoleAssignSISO() を短い名前のファイル poleasgn.mm に保存できるので，DOS のようにファイル名に制限がある OS でも，自由に関数名を決められる．

　宣言されていて定義されていない関数が呼び出されると，その関数が定義されているファイルが，環境変数 MATXINPUTS で定義されているディレクトリ群やデフォルト MM-ファイルディレクトリ[注3]から再帰的に検索される．ファイルやディレクトリの数が多くなると検索に時間がかかるが，requrie 修飾子でファイルを指定すれば，検索時間が短縮される．例えば，

```
    List bode(...) requrie "control/bode.mm";
```

---

[注3] コンパイル時に決定される．

によって，関数bode()は検索対象のディレクトリから相対パスがcontrol/bode.mmであるファイルに定義されていることがわかり，短い時間で発見され，読み込まれる．

インタプリタで，コマンドwhichを実行すると，関数に関する情報が表示され，ある関数がどのファイルに関連づけられているか調べられる．コマンドwhichの実行例を次に示す．

```
>> which eig, bode, PoleAssignSISO
        Name        File|Built-in

         eig        Built-in Function
        bode        control/bode.mm
PoleAssignSISO      poleasgn.mm
```

関数eig()は組込み関数であり，関数bode()は検索対象のディレクトリから相対パスがcontrol/bode.mmであるファイルに，関数PoleAssignSISO()はファイルpoleassing.mmに関連づけられていることがわかる．

## 15.5 関数の検索規則

宣言されているが，定義されていない関数が呼び出されると，

1. その関数がrequire修飾子付で宣言されている場合，指定されたファイルが読み込まれる．ただし，ファイルが相対パスで指定されている場合，ファイルは，カレントディレクトリ，オプション-MMで指定したディレクトリ，環境変数MATXINPUTSが定義されていれば，そのディレクトリ群，デフォルトMM-ファイルディレクトリ[注4]の順番に検索される．

2. その関数がrequire修飾子付で宣言されていない場合，関数名と同じMM-ファイルが検索され読み込まれる．MM-ファイルは，カレントディレクトリ，環境変数MATXINPUTSが定義されていれば，そのディレクトリ群，デフォルトMM-ファイルディレクトリの順番に検索される．

---

[注4] コンパイル時に決定される．

なお，環境変数 MATXINPUTS で指定されたディレクトリ群とデフォルト MM-ファイルディレクトリは再帰的に検索される。環境変数 LANG に ja, japanese, ja_JP* [注5]が設定されていて，検索ディレクトリに ja というディレクトリが存在すれば，そちらが先に検索される。環境変数 MATXINPUTS には，コロン : で区切って複数のパスを指定することができる。Windows では，セミコロン ; で区切る。

## 15.6 コマンドライン引数 (matc のみ)

コンパイラ (matc) で作成した実行プログラムを実行するとき，シェルのコマンドラインの引数は関数 main() にリストの形で引数としてわたされる。リストのすべての成分は文字列であり，1 番目の成分はコマンド名である。コマンドラインで渡された整数や実数を利用するには，リストの成分を取り出して型変換関数で変換する。例えば，次のプログラムはコマンド名を表示し，第 1 引数と第 2 引数の和を表示する。

```
Func void main(argc, argv)
    Integer argc;
    List argv;
{
    Integer a, b;

    print "Command Name is", argv(1, String), ".\n";
    a = Integer(argv(2, String));
    b = Integer(argv(3, String));
    print a + b;
}
```

## 15.7 静的変数

静的 (static) 変数は大域変数や局所変数に続く第 3 の記憶クラスである。M$_A$TX には C 言語と異なり局所 static 変数のみ存在し，大域 static 変数は存在しない。

---

[注5] ja_JP で始まる任意の文字列。

なぜなら，インタプリタにとって大域static変数を通常の大域変数と区別することに意味がないからである。

局所static変数は通常の局所変数と異なり，関数が起動されるたびに初期化されることなく，ずっと存在し続ける。これは，局所static変数が関数内で私的な永久記憶をもつをことを意味する。static変数は0に初期化されることが保証されるので，ユーザが陽に初期化する必要はない。リストは成分が0個のリストとして初期化される。次に，static変数の例を示す。

```
Func void afo()
{
    static Integer a;

    print a;
    a = a + 1;
}
```

実行例は次のようになる。呼び出されるたびに，変数aが1つずつ増加する。

```
>> afo
a = 0
>> afo
a = 1
>> afo
a = 2
```

行列は$0 \times 0$の行列として初期化されるので，関数length()などでサイズを調べ，陽に初期化する必要がある。

```
Func void afo()
{
    static Matrix A;

    print A;
    if (length(A) == 0) {
        A = [1];
    } else {
        A = A + [1];
    }
}
```

この関数の実行例を次に示す。

187

```
>> afo
=== [A] : (   0,   0) ===
>> afo
=== [A] : (   1,   1) ===
            (   1)
(   1)  1.00000000E+00
>> afo
=== [A] : (   1,   1) ===
            (   1)
(   1)  2.00000000E+00
```

## 15.8　変数の存在を調べる (matx のみ)

インタプリタ (matx) で，登録されている変数を表示するにはコマンド who を，登録されている変数の詳しい情報を表示するにはコマンド whos を使用する．次に whos の実行例を示す．

```
Name        Class       Size(Value)

  a         Integer     3
  c         Co_Number   2 + 3 i
  p         Re_Polynomial  2 degree(s)
  r         Re_Rational  1 /   2
  s              String  5 char(s)
  A          Re_Matrix  2 x    2
  B          Co_Matrix  2 x    2
  C        Re_Po_Matrix  2 x    2
  D        Re_Ra_Matrix  2 x    2
  L               List  3
```

a は整数，c は複素数，p は 2 次の多項式，r は分母多項式が 2 次で分子多項式が 1 次の有理多項式，s は 5 文字の文字列，A は $2 \times 2$ の実行列，B は $2 \times 2$ の複素行列，C は $2 \times 2$ の実多項式行列，D は $2 \times 2$ の実有理多項式行列，L は成分が 3 個のリストである．関数 exist() で，ある変数が定義されているか調べられる．局所変数として定義されている場合は 2，大域変数としてのみ定義されている場合は 1，定義されていない場合は 0 が返される．関数 exist() の使用例を次に示す．

```
i = exist("A");
```

```
if (i == 0) {
   print "A doesn't exist.\n";
} else if (i == 1) {
   print "A is a global variable.\n";
} else if (i == 2) {
   print "A is a local variable.\n";
}
```

## 15.9　変数の消去 (matx のみ)

コマンド clear で登録されている大域変数を消去できる[注6]。登録した 2 個の変数 A と B を消去する例を次に示す。

```
>> A = B = [1];
>> who
PI, PID, EPS, Inf, NaN, ans, A, B,
>> clear A,B
>> who
PI, PID, EPS, Inf, NaN, ans,
```

## 15.10　現在の日付と時間を調べる

関数 clock() は現在の日付と時間を含む 6 成分からなる行ベクトル

　　[year month day hour minute seconds]

を返す。最初の 5 個の成分は整数であり，最後の seconds は実数である。次に使用例を示す。

```
>> dt = clock();
>> printf("%g 年 %g 月 %g 日 %g 時 %g 分 %g 秒\n",
   dt(1), dt(2), dt(3), dt(4), dt(5), dt(6));
1999 年 4 月 12 日 22 時 35 分 21.9278 秒
```

---

[注6] コマンド clear は画面のクリアにも使用される。

## 15.11 時間の計測

関数 settimer() と gettimer() を使って，プロセスの CPU 時間 (UNIX) または実行時間 (Windows) を計測できる．関数 settimer() を呼び出すと，インターバルタイマの値がリセットされる．関数 gettimer() を呼び出すと，タイマがリセットされてからの時間 (秒数) が 1ms 単位で得られる．デモプログラムのベンチマークはこの関数を利用している．次に，$100 \times 100$ の乱数行列を 100 個生成するのにかかる時間を計測する例を示す．

```
settimer();
for (i = 1; i <= 100; i++) {
  A = rand(100);
}
print gettimer();
```

## 15.12 環境変数の設定と取得

環境変数を取得には関数 getenv() を使用し，環境変数を設定するには関数 putenv() を使用する．関数 getenv() は引数に指定された環境変数の値を文字列で返す．関数 putenv() には，以下の例に示すように環境変数の代入式を文字列でわたす．

>> *putenv("DISPLAY=dazai:0.0");*
>> *disp = getenv("DISPLAY")*
disp = dazai:0.0

## 15.13 バージョン番号の設定と取得

関数 version() はバージョン番号を実数で返す．

>> *v = version()*
v = 4

この関数を使い一時的にバージョン番号を変更することができる．

>> *v = version(5)*
v = 5

バージョン番号を変更すると，多項式の係数とベクトルの変換に関する順 (昇べきの順または降べきの順)[注7] やブロック行列の成分の参照の番号[注8] が変る。インタプリタ (matx) とコンパイラ (matc) のオプション-v4やオプション-v5 [注9] で，起動時にバージョン番号を設定できる。

## 15.14　文字列の評価を用いたデバッグ (matx のみ)

関数eval()を用い，MATX の任意のコードからなる文字列を評価できる[注10]。これは関数のデバッグに利用できる。すなわち，

```
Func void afo()
{
    String cmd;

    ..................

    for (;;) {
        read cmd;
        if (cmd == "q") {
            break;
        }
        eval(cmd);
    }

    ..................
}
```

のようにデバッグの対象である関数内で実行したいコマンドを文字列として入力し，関数eval()で評価するのである。例えば，関数内で文字列"who"や"whos"をeval()の引数に用いれば，大域変数だけでなく関数の局所変数も参照できる。以下のプログラム

```
Func void afo()
{
    Integer a, b;
```

---

[注7] 17.1節参照。
[注8] 6.5.1節参照。
[注9] 11.5節と11.7節参照。
[注10] 16.7節参照。

```
    a = b = 2;
    eval("who");
}
```

では，まず局所変数 a と b が表示され，次に大域変数が表示される．

&gt;&gt; *A = B = 1;*
&gt;&gt; *afo();*
a, b

PI, PID, EPS, Inf, NaN, ans, A, B

## 15.15 OS の命令を実行する

OS のコマンドを実行するには，関数 system() を使用する．この関数には実行したいコマンドを文字列でわたす．関数 system() は OS からの終了コードを整数で返す[注11]．プロットツール gnuplot を起動する例を次に示す．

&gt;&gt; *system("gnuplot afo.gp");*

インタプリタ (matx) のコマンドラインでは，先頭の 1 文字目が ! なら，その行はそのままシェルにわたされる．例を次に示す．

&gt;&gt; *! ls *.c*

## 15.16 プロセス間通信

外部のプログラムを関数 popen() で起動し，データをプロセスに送ったり (fprintf())，データをプロセスから受け取ったり (fscanf()) できる．関数 popen() は，プロセスの起動に成功すると正の整数 (プロセスディスクリプタ) を返し，失敗すると負の整数を返す．これは，ファイルディスクリプタと同様に扱え，fprintf() や fscanf() の第 1 引数に指定できる．以後，プロセスディスクリプタによってプロセスを指定する．関数 fprintf() で出力したデータは起動されたプロセスの標準入力に送られ，そのプロセスが標準出力に出力したデー

---

[注11] シェルが実行できた場合は 0 が返される．

## 15.16 プロセス間通信

タは関数 fscanf() で入力できる。不要になったプロセスは関数 pclose() で終了させる。UNIX の演算用言語 bc とのプロセス間通信の例を次に示す。

```
if ((pid = popen("bc")) < 0) {
    error("Can't open %s", "bc");
}
fprintf(pid, "3 + 4\n");
{a} = fscanf(pid, "%d");
fprintf(pid, "quit\n");
pclose(pid);
```

この例では, "3 + 4" を fprintf() で bc に送り, 計算結果を fscanf() で取り込む。次に, プロットツール gnuplot とのプロセス間通信の例を示す。

```
if ((pid = popen("gnuplot -title sample")) < 0) {
    error("Can't open %s", "gnuplot");
}
fprintf(pid, "plot sin(x)\n");
pause;
fprintf(pid, "quit\n");
pclose(pid);
```

この例では, gnuplot で正弦波 $\sin(x)$ を表示する。

# 第 16 章

# 文字列

　文字列は，任意個の文字の列を二重引用符 " と " で囲んで記述する。特別な文字パターン \t と \n はタブと改行を意味する。二重引用符で囲まれた定数文字列を表示すると，

　　>> *print "ABCDEFGH", "\n"*
　　**ABCDEFGH**

のように文字列だけが表示されるが，変数に代入された文字列を表示すると，

　　>> *S = "ABCDEFGH";*
　　>> *print S*
　　**S = ABCDEFGH**

のようにはじめに変数名が表示され，次に文字列が表示され，最後に改行される。C 言語と同様の拡張文字コード[注1]を使用できる。表 16.1 は，前に逆スラッシュを付けることが可能な文字と，付けたときの意味である。
文字列は

　　>> *print "Hello" + " " + "world" + "\n"*
　　**Hello world**

のように演算子 + で結合できる。文字列の長さは

---

[注1] 拡張文字コードは，ターゲットコンピュータの文字集合に依存しない特殊文字を表すために使用する。

16 文字列

表 16.1 拡張文字コード

| 拡張コード | 意 味 | 拡張コード | 意 味 |
|---|---|---|---|
| a | 警告 (ベルなど) | v | 垂直タブ |
| b | バックスペース | \ | 逆スラッシュ |
| f | 改頁 | ' | アポストロフィ |
| n | 復帰改行 | " | 二重引用符 |
| r | 復帰 | ? | 疑問符 |
| t | 水平タブ | | |

```
>> length(S)
ans = 8
```

のように関数 length() で調べられる。文字列を整数 n 倍すると，

```
>> S = "ABC";
>> S * 4
ABCABCABCABC
```

のように元の文字列を n 個並べた文字列になる。

## 16.1 文字の参照と代入

文字列の成分はベクトルの成分と同様に参照できる。以下の例では，まず 3 番目の文字を表示し，次に"c"に置き換える。

```
>> print S(3), "\n"
C
>> S(3) = "c";
>> print S
S = ABcDEFGH
```

## 16.2 部分文字列の参照と代入

M$_A$TX には，文字列のある部分 (**部分文字列**) を簡潔に参照する方法がある。部分文字列は行列の部分行列と同様に参照できる。代入において，左辺の指定されたインデックスの大きさと右辺の文字列の大きさは一致しなければならない。

## 16.2.1 区間指定による方法

コロン : を使って文字列の区間を (部分文字列) を指定できる。例えば，S(3:5) は文字列 S の 3〜5 番目の文字列，S(2:) は 2 番目から最後までの文字列を意味する。

```
>> print S(3:5), "\n"
CED
>> print S(2:), "\n"
BCEEFGH
```

以下の例では，5〜7 番目の文字を"efg"に置き換える。

```
>> S(5:7) = "efg";
>> print S
S = ABcDefgH
```

## 16.2.2 指数を用いる方法

指数型 (Index) を用いれば，ある文字列から任意の文字を取り出し，任意の順に並べた文字列を作ったり，ある文字列に任意の順で文字を代入できる。例えば，

```
>> S = "ABC";
>> S(Index([1 3]))
AC
```

では，文字列 S の 1 番目と 3 番目の文字を参照し，

```
>> S(Index([1 3])) = "ac";
>> print S
aBc
```

では，文字 S の 1 番目と 3 番目に"a"と"c"を代入する。

そして，S が長さ n の文字列で V が n 次元指数とすると，S(V) は，

[S(V(1)), S(V(2)), S(V(3)), ..., S(V(n))]

となる。また，代入式において両辺で指数を使うと，もっと複雑なことができる。

16 文字列

```
>> Sa = "ABCDEFGHIJ";
>> Sb = "abcdefghij";
>> Sa(Index([3 5 10])) = Sb(1:3);
>> print Sa
Sa = ABaDbFGHIc
```

によって，文字列 Sa の 3 番目，5 番目，10 番目に文字列 Sb の最初の 3 文字が代入される。そして，

```
>> S = "ABC";
>> S(3:1)
CBA
```

は，文字列 S の順番を逆にした文字列である。

### 16.2.3 (0|1) 配列を用いる方法

関係 (論理) 演算[注2]の結果生成される (0|1) 配列を用い部分文字列を参照できる。文字列からアルファベットを取り出す例を次に示す。

```
>> Sa = "1A2b3C4d5E6f";
>> L = ("A" .<= Sa && Sa .<= "Z") || ("a" .<= Sa && Sa .<= "z")
>> Sb = Sa(L)
Sb = AbCdEf
```

ここで，L は関係演算の結果作られる 0 と 1 からなる配列である。文字列 A のアルファベットだけが B に代入される。次に示すように L を用いずにアルファベットを取り出すこともできる。

```
>> Sb = Sa(("A" .<= Sa && Sa .<= "Z") || ("a" .<= Sa && Sa .<= "z"))
Sb = AbCdEf
```

関数 find() を使って指数を求めてから，アルファベットを取り出してもよい。

```
>> idx = find(("A" .<= Sa && Sa .<= "Z") || ("a" .<= Sa && Sa .<= "z"));
>> Sb = Sa(idx)
Sb = AbCdEf
```

---
[注2] 16.3 節参照。

関数 find() は与えられたベクトルから 0 でない成分の指数 (Index) を返す．次に，文字列 A に含まれる小文字のアルファベットを大文字のアルファベットに変換する例を示す．まず，"A"と"a"の文字コードの差 A_a を求め，次に，小文字のアルファベットの場所を (0|1) 配列 L で表し，最後に A の小文字のアルファベットの場所に大文字のアルファベットを代入する．なお，型変換関数 Matrix() は，文字列を ASCII コードのベクトルに変換し，関数 String() はベクトル (Matrix) を文字列に変換する[注3]．

```
>> Sa = "1A2b3C4d5E6f";
>> A_a = [Matrix("A") - Matrix("a")](1);
>> L = "a" .<= Sa && Sa .<= "z";
>> Sa(L) = String(Matrix(Sa(L)) .+ A_a);
>> print Sa
Sa = 1A2B3C4D5E6F
```

## 16.3 文字列の比較

関係演算子 ==, != を使って，2 つの文字列を比較ができる．結果は，1(真) または 0(偽) となる．

```
>> S = "ABCDEFGH";
>> S == "ABCDEFGH"
ans = 1
>> S != "ABCDEFGH"
ans = 0
```

文字列を**関係演算子** .<, .<=, .==, .!=, .>=, .> を用い比較すると，1 文字ごとに比較され，結果は 1(真) または 0(偽) を成分とする配列となる．2 つの文字列の長さが一致しないと，文字ごとの比較はできない．大小関係は，文字コード (ASCII コード) に基づいて比較される．文字列の関係演算子の意味を表 16.2 に示す．

次の例は，2 つの文字列を文字ごとに比較し，一致しない文字を取り出す．

---

[注3] 16.6 節参照．

# 16 文字列

**表 16.2** 文字列の関係演算

| 関係演算子 | 意味 |
|---|---|
| .< | より小さい |
| .<= | より小さいか等しい |
| .> | より大きい |
| .>= | より大きいか等しい |
| .== | 等しい |
| .!= | 等しくない |

```
>> A = "ABCD";
>> B = "AADD";
>> A(A .!= B)
BC
```

比較する文字列の一方の長さが 1 のとき，その文字と他方の文字列のすべての文字が比較される．次の例は，文字列 A から小文字のアルファベットを取り出す．

```
>> A = "AbCd";
>> A("a" .<= A && A .<= "z")
bd
```

## 16.4　文字の位置を調べる

関数 strchr() を使えば，ある文字列中に指定した 1 文字が存在するか，存在するなら何文字目であるか調べられる．関数 strchr() の第 1 引数には対象となる文字列，第 2 引数には調べたい 1 文字を指定する．もし，対象文字列に指定した文字が存在しない場合，関数 strchr() は 0 を返し，文字が存在すれば，その文字の位置を返す．

```
>> S = "Hello world";
>> i = strchr(S, "w")
i = 7
>> S(i) = "W";
>> print S
S = Hello World
>> j = strchr(S, "A")
j = 0
```

## 16.5 文字列の表示と入力

関数 printf() を使って文字列を書式を指定して画面 (標準出力) へ出力できる。書式指定には C 言語の printf() と同じものを使う。以下の例では，まず %s で文字列を表示し，%20s で 20 文字の幅で右づめで表示し，%-20s で 20 文字の幅で左づめで表示する。

```
>> S = "Hello world";
>> printf("S = \"%s\"\n", S);
S = "Hello world"
>> printf("S = \"%20s\"\n", S);
S = "         Hello world"
>> printf("S = \"%-20s\"\n", S);
S = "Hello world         "
```

関数 scanf() を使って文字列を書式を指定してキーボード (標準入力) から入力できる。書式指定には C 言語の scanf() と同じものを使う。関数 scanf() は，読み込んだ結果をリスト[注4]で返す。以下の例で，キーボードから"Hello world"と入力すると，Hには"Hello"，Wには"world"が代入される。

```
>> {H, W} = scanf("%s %s");
```

関数 sscanf() を使えば，書式を指定して文字列中の文字を参照できる。第 1 引数には参照する文字列を指定する。以下の例では，文字列 S の中の 2 個の文字列を参照する。Hには"Hello"，Wには"world"が代入される。

```
>> S = "Hello world";
>> {H, W} = sscanf(S, "%s %s");
>> print H, W
H = Hello
W = world
```

---

[注4] 第 18 章参照。

## 16.6 文字列への変換

いろいろな型の値を文字列に変換する方法を紹介する。まず，型変換関数 `String()` を使えば，次のように整数，実数，複素数，多項式を文字列に変換できる。

```
>> a = String(3.14);
>> print "A = " + a + "\n"
A = 3.14
>> b = String((3,4));
>> print "B = " + b + "\n"
B = (3, 4)
>> s = Polynomial("s");
>> c = String(2.1*s^2 + 3.2*s + 4);
>> print "C = " + c + "\n"
C = 2.1 s^2 + 3.2 s + 4
```

そして，関数 `sprintf()` を用いると複雑な文字列変換が可能となる。以下の例では，有理多項式 G を文字列に変換する。

```
>> s = Polynomial("s");
>> G = (s+1)/(s^2 + 3*s + 4);
>> Gs = sprintf("(%s)/(%s)", String(Nu(G)), String(De(G)))
Gs = (s + 1)/(s^2 + 3 s + 4)
```

型変換関数 `String()` を用いれば，ASCII コードからなるベクトルを文字列に変換できる。上の例は，

```
>> a = String([65 66 67])
a = ABC
```

のように置き換えられる。また，型変換関数 `Matrix()` を用いれば，文字列を ASCII コードからなるベクトルに変換できる。上の例の逆変換は

```
>> v = Matrix("ABC")
=== [v] : ( 1, 3) ===
              ( 1)             ( 2)             ( 3)
(  1)   6.50000000E+01   6.60000000E+01   6.70000000E+01
```

であり，ベクトル v には [65 66 67] が代入される。

## 16.7　文字列の評価

インタプリタ (matx) で作業をするとき，関数 eval() を用いて $\mathrm{M_AT_X}$ のコードからなる文字列を評価できる。関数の戻り値の型は，評価する文字列に依存する。式以外のコードを評価したとき，結果は常に 0(整数) である。例えば，

```
>> a = 1.0;  b = 2.0;
>> A = [[1 2][3 4]];  B = [[5 6][7 8]];
>> c = eval("a + b")
c = 3
>> C = eval("A + B")
=== [C] : (  2,  2) ===
              (  1)           (  2)
(  1)   6.00000000E+00  8.00000000E+00
(  2)   1.00000000E+01  1.20000000E+01
```

において，eval("a + b") は，実数 a と b の和を返し，eval("A + B") は，行列 A と B の和を返す。

# 第 17 章

# 多項式と有理多項式

MATX では 1 変数の多項式と有理多項式，それらを成分とする多項式行列と有理多項式行列を簡単に扱える．

## 17.1 多項式の入力

### 17.1.1 実多項式

まず，多項式変数を

>> s = Polynomial("s");

のように定義し，その変数を用いて多項式を記述する．ただし，引数"s"には表示に用いる変数名を指定する．空文字列を指定すると，変数名は s となる．任意の文字列を指定できるが，表示に用いられるだけであり，計算においては区別されない[注1]．以下の例は変数 s と x を定義し，それを用いて 2 次の多項式 p と 3 次の多項式 q を入力する．

>> s = Polynomial("s");
>> p = 2*s^2 + 3*s + 4

---

[注1] 将来は多変数の式を処理できる予定．

205

## 17 多項式と有理多項式

```
p = 2 s^2 + 3 s + 4
>> x = Polynomial("x");
>> q = 3*x^3 + x^2 + 3*x + 4
q = 3 x^3 + x^2 + 3 x + 4
```

変数名の異なる多項式を用いた計算はできない．次に示すように，型変換関数を用いると変数名を変更できる．

```
>> p = Polynomial(p, "x")
p = 2 x^2 + 3 x + 4
```

多項式の次数は関数 degree() で調べられる．

```
>> degree(p)
ans = 2
```

型変換関数 Polynomial() と Matrix() を用い，横ベクトルと多項式を相互に変換できる．多項式の係数は降べきの順[注2]にベクトル成分と対応する．以下の例で，p2 は先ほどの p と同じ多項式となり，ベクトル u と v は一致する．

```
>> u = [2 3 4];
>> p2 = Polynomial(u)
p2 = 2 s^2 + 3 s + 4
>> v = Matrix(p2)
=== [v] : (  1,  3) ===
              (  1)            (  2)            (  3)
(  1)   2.00000000E+00   3.00000000E+00   4.00000000E+00
```

### 17.1.2 複素多項式

複素多項式は，複素数を係数として記述するか複素数表現[注3]を用い記述する．

```
>> cp = (1,2)*s+(3,4)
cp = (1,2) s + (3,4)
>> cq = (s+3, 2*s+4)
cq = (1,2) s + (3,4)
```

---

[注2] バージョン4は昇べきの順．
[注3] 3.7節参照．

実部または虚部だけを指定し，もう一方にコロン : を指定してもよい．

```
>> p = 2*s^2 + 3*s + 4;
>> cp = (p,:)
cp = (2,0) s^2 + (3,0) s + (4,0)
>> cq = (:,p)
cq = (0,2) s^2 + (0,3) s + (0,4)
```

型変換関数 CoPolynomial() で実多項式を複素多項式に変換できる．

```
>> p = 2*s^2 + 3*s + 4;
>> cp = CoPolynomial(p)
cp = (2,0) s^2 + (3,0) s + (4,0)
```

複素多項式の実部と虚部は，関数 Re() と Im() で取り出せる．

```
>> cp = (1,2)*s^2 + (3,4)*s + (5,6);
>> p = Re(cp)
p = s^2 + 3 s + 5
>> q = Im(cp)
q = 2 s^2 + 4 s + 6
```

## 17.1.3　係数の参照

多項式の係数を指定するには，多項式の名前の次に次数を指定する．次数は 0(定数項) から最高次の次数までである．

```
>> p1 = p(1)
p1 = 3
>> c = cp(2)
c2 = (1 , 2)
```

複素多項式の係数には実数と複素数を代入できるが，実多項式の係数には実数しか代入できない．

```
>> p(0) = 7;
>> print p
p = s^2 + 3 s + 7
>> cp(2) = (8,9);
>> print cp
cp = (8,9) s^2 + (3,4) s + (5,6)
```

207

## 17.2 有理多項式の入力

### 17.2.1 実有理多項式

有理多項式は多項式の割算として記述する。

```
>> s = Polynomial("s");
>> r = (s + 1)/(2*s + 3)
       s + 1
r = ---------
      2 s + 3
```

変数名の異なる有理多項式を用いた計算はできない。次に示すように，型変換関数を用いると変数名を変更できる。

```
>> r = Rational(r, "x")
       x + 1
r = ---------
      2 x + 3
```

### 17.2.2 複素有理多項式

複素有理多項式は，複素数を係数として記述するか複素数表現[注4]を用い記述する。

```
>> cr = ((1,1)*s + (1,4))/(2*s+3)
        (1,1) s + (1,4)
cr = -----------------
        (2,0) s + (3,0)
>> ct = ((s+1)/(2*s+3), (s+4)/(2*s+3))
       (2,2) s^2 + (5,11) s + (3,12)
ct = -----------------------------
       (4,0) s^2 + (12,0) s + (9,0)
```

複素数表現を用いた場合，複素有理多項式は以下の方法で計算され，共通因子のキャンセルは行われない。

$$\left(\frac{a}{b}, \frac{c}{d}\right) := \frac{a}{b} + \frac{c}{d}i = \frac{ad + bci}{bd}$$

---

[注4] 3.7 節参照。

## 17.2 有理多項式の入力

ただし，a, b, c, d は多項式である．有理多項式の分子と分母の共通因子をキャンセルするには関数 simplify() を用いる[注5]．この関数は有理多項式行列を引数にとり，有理多項式行列を返すので，以下のように用いる．

```
>> ct = [simplify([ct])](1,1)
        (0.5,0.5) s + (0.5,2)
   ct = ----------------------
           (1,0) s + (1.5,0)
```

複素有理多項式の入力は，実部または虚部だけを指定し，もう一方にコロン : を指定してもよい．

```
>> r = (s + 1)/(2*s + 3);
>> cr = (r,:)
        (1,0) s + (1,0)
   cr = -----------------
        (2,0) s + (3,0)
>> ct = (:,r)
        (0,1) s + (0,1)
   ct = -----------------
        (2,0) s + (3,0)
```

型変換関数 CoRational() で実有理多項式を複素有理多項式に変換できる．

```
>> r = (s + 1)/(2*s + 3);
>> cr = CoRational(r)
        (1,0) s + (1,0)
   cr = -----------------
        (2,0) s + (3,0)
```

複素有理多項式の実部と虚部は，関数 Re() と Im() で取り出せる．

```
>> cr = ((1,1)*s + (1,4))/(2*s+3);
>> r = Re(cr)
       2 s^2 + 5 s + 3
   r = -----------------
       4 s^2 + 12 s + 9
>> t = Im(cr)
       2 s^2 + 11 s + 12
   t = -------------------
       4 s^2 + 12 s + 9
```

---

[注5] この関数は最小実現を求めるアルゴリズムを用いる．この関数の仕様は将来変更される予定である．

複素有理多項式の実部と虚部は以下の方法で計算され，共通因子のキャンセルは行われない．

$$\mathrm{Re}\left(\frac{a+bi}{c+di}\right) = \frac{ac+bd}{c^2+d^2}, \quad \mathrm{Im}\left(\frac{a+bi}{c+di}\right) = \frac{bc-ad}{c^2+d^2}$$

ただし，a, b, c, d は実多項式である．有理多項式の分子と分母の共通因子をキャンセルするには関数 simplify() を以下のように用いる．

```
>> r = [simplify([r])](1,1)
      0.5 s + 0.5
r = -------------
        s + 1.5
>> t = [simplify([t])](1,1)
       0.5 s + 2
t = -----------
       s + 1.5
```

### 17.2.3 分子多項式と分母多項式

有理多項式の分子多項式と分母多項式は，関数 Nu() と De() で取り出せる．

```
>> r = (s + 1)/(2*s + 3);
>> p = Nu(r)
p = s + 1
>> q = De(r)
q = 2 s + 3
```

### 17.2.4 有理多項式の次数の増加

有理多項式の演算は次の規則にしたがって行われ，分子多項式と分母多項式の共通因子のキャンセルは行われないので次数の増加に注意する必要がある．

$$\frac{a}{b} + \frac{c}{c} = \frac{a*c+b*c}{b*c} \quad , \quad \frac{a}{b} - \frac{c}{c} = \frac{a*c-b*c}{b*c}$$

$$\frac{a}{b} * \frac{c}{c} = \frac{a*c}{b*c} \quad , \quad \frac{a}{b} / \frac{c}{c} = \frac{a*c}{b*c}$$

共通因子をキャンセルしたい場合は，関数 simplify() を用いる．

## 17.3　多項式行列の入力

### 17.3.1　実多項式行列

多項式行列は多項式を成分とする行列である。多項式行列の操作は実行列や複素行列などの数値行列と同じである。多項式行列は行列を係数とする多項式として入力する方法

```
>> A = [[1 2][3 4]]*s^2 + [[5 6][7 8]]*s + [[9 10][11 12]]
=== [A] : ( 2, 2) ===
        [            ( 1)          ]  [            ( 2)          ]
( 1)         s^2 + 5 s + 9              2 s^2 + 6 s + 10
( 2)        3 s^2 + 7 s + 11            4 s^2 + 8 s + 12
```

と，多項式を成分とする行列として入力する方法

```
>> A = [[s^2+5*s+9, 2*s^2+6*s+10][3*s^2+7*s+11, 4*s^2+8*s+12]]
=== [A] : ( 2, 2) ===
        [            ( 1)          ]  [            ( 2)          ]
( 1)         s^2 + 5 s + 9              2 s^2 + 6 s + 10
( 2)        3 s^2 + 7 s + 11            4 s^2 + 8 s + 12
```

がある。どちらも同じ多項式行列を作る。変数名の異なる多項式行列を用いた計算はできない。次に示すように，型変換関数を用いると変数名を変更できる。

```
>> A = Matrix(A, "x")
=== [A] : ( 2, 2) ===
        [            ( 1)          ]  [            ( 2)          ]
( 1)         x^2 + 5 x + 9              2 x^2 + 6 x + 10
( 2)        3 x^2 + 7 x + 11            4 x^2 + 8 x + 12
```

### 17.3.2　複素多項式行列

複素多項式行列は，複素多項式を成分として記述するか複素数表現[注6]を用い記述する。以下の例では，Cは複素多項式を成分として記述した行列であり，Dは複素数表現を用い記述した行列である。

```
>> C = [[(1,1)*s+(1,5), (1,1)*s+(2,6)][(1,1)*s+(3,7), (1,1)*s+(4,8)]]
```

---
[注6] 3.7節参照。

## 17 多項式と有理多項式

```
=== [C] : ( 2, 2) ===
         [         ( 1)         ]  [         ( 2)         ]
 ( 1)      (1,1) s + (1,5)           (1,1) s + (2,6)
 ( 2)      (1,1) s + (3,7)           (1,1) s + (4,8)
>> A = [[s+1, s+2][s+3, s+4]];
>> B = [[s+5, s+6][s+7, s+8]];
>> D = (A, B)
=== [D] : ( 2, 2) ===
         [         ( 1)         ]  [         ( 2)         ]
 ( 1)      (1,1) s + (1,5)           (1,1) s + (2,6)
 ( 2)      (1,1) s + (3,7)           (1,1) s + (4,8)
```

実部または虚部だけを指定し，もう一方にコロン：を指定してもよい．

```
>> CA = (A,:)
=== [CA] : ( 2, 2) ===
         [         ( 1)         ]  [         ( 2)         ]
 ( 1)      (1,0) s + (1,0)           (1,0) s + (2,0)
 ( 2)      (1,0) s + (3,0)           (1,0) s + (4,0)
>> CB = (:,A)
=== [CB] : ( 2, 2) ===
         [         ( 1)         ]  [         ( 2)         ]
 ( 1)      (0,1) s + (0,1)           (0,1) s + (0,2)
 ( 2)      (0,1) s + (0,3)           (0,1) s + (0,4)
```

複素多項式行列の実部と虚部は，関数 Re() と Im() で取り出せる．

```
>> C = [[(1,1)*s+(1,5), (1,1)*s+(2,6)][(1,1)*s+(3,7), (1,1)*s+(4,8)]];
>> A = Re(C)
=== [A] : ( 2, 2) ===
         [         ( 1)         ]  [         ( 2)         ]
 ( 1)           s + 1                    s + 2
 ( 2)           s + 3                    s + 4
>> B = Im(C)
=== [B] : ( 2, 2) ===
         [         ( 1)         ]  [         ( 2)         ]
 ( 1)           s + 5                    s + 6
 ( 2)           s + 7                    s + 8
```

## 17.4 有理多項式行列の入力

### 17.4.1 実有理多項式行列

有理多項式行列は，有理多項式を成分とする行列である．有理多項式行列の操作は実行列や複素行列などの数値行列と同じである．有理多項式行列を記述するには，有理多項式を行列の成分として用いる方法

```
>> A = [[(s+1)/(s+2), (s+3)/(s+4)][(s+5)/(s+6), (s+7)/(s+8)]]
=== [A] : ( 2, 2) ===
        [           ( 1)           ]  [           ( 2)           ]
                  s + 1                          s + 3
   ( 1) -------------------------     -------------------------
                  s + 2                          s + 4

                  s + 5                          s + 7
   ( 2) -------------------------     -------------------------
                  s + 6                          s + 8
```

と，配列演算子 ./ を用いる方法

```
>> X = [[s+1, s+3][s+5, s+7]];
>> Y = [[s+2, s+4][s+6, s+8]];
>> B = X ./ Y
=== [B] : ( 2, 2) ===
        [           ( 1)           ]  [           ( 2)           ]
                  s + 1                          s + 3
   ( 1) -------------------------     -------------------------
                  s + 2                          s + 4

                  s + 5                          s + 7
   ( 2) -------------------------     -------------------------
                  s + 6                          s + 8
```

がある．A と B は同じ有理多項式行列となる．変数名の異なる有理多項式行列を用いた計算はできない．次に示すように，<u>型変換関数を用いると変数名を変更できる．</u>

```
>> A = Matrix(A, "x")
=== [A] : ( 2, 2) ===
        [           ( 1)           ]  [           ( 2)           ]
                  x + 1                          x + 3
```

```
          (   1) ------------------------       ------------------------
                     x + 2                              x + 4

                     x + 5                              x + 7
          (   2) ------------------------       ------------------------
                     x + 6                              x + 8
```

## 17.4.2 複素有理多項式行列

複素有理多項式行列は，複素有理多項式を成分として記述するか複素数表現[注7]を用い記述する．以下の例では，C は複素有理多項式を成分として記述した行列であり，D は複素数表現を用い記述した行列である．

```
>> C = [[((1,1)*s+(1,3))/(s+2), ((1,1)*s+(3,5))/(s+4)]
        [((1,1)*s+(5,7))/(s+6), ((1,1)*s+(7,1))/(s+8)]]
=== [C] : (  2,  2) ===
                  [      (   1)         ]  [      (   2)         ]
                     (1,1) s + (1,3)              (1,1) s + (3,5)
          (   1) ------------------------       ------------------------
                     (1,0) s + (2,0)              (1,0) s + (4,0)

                     (1,1) s + (5,7)              (1,1) s + (7,1)
          (   2) ------------------------       ------------------------
                     (1,0) s + (6,0)              (1,0) s + (8,0)
>> A = [[(s+1)/(s+2), (s+3)/(s+4)][(s+5)/(s+6), (s+7)/(s+8)]];
>> B = [[(s+3)/(s+2), (s+5)/(s+4)][(s+7)/(s+6), (s+1)/(s+8)]];
>> D = round2z(simplify((A, B)))
=== [C] : (  2,  2) ===
                  [      (   1)         ]  [      (   2)         ]
                     (1,1) s + (1,3)              (1,1) s + (3,5)
          (   1) ------------------------       ------------------------
                     (1,0) s + (2,0)              (1,0) s + (4,0)

                     (1,1) s + (5,7)              (1,1) s + (7,1)
          (   2) ------------------------       ------------------------
                     (1,0) s + (6,0)              (1,0) s + (8,0)
```

行列 D については，関数 simplify() で共通因子をキャンセルし，関数 round2z() で絶対値が小さい係数を 0 にしている．

有理多項式の演算は 17.2.4 節の説明にしたがって行われるので，次数の増加に注意する必要がある．実部または虚部だけを指定し，もう一方にコロン：を指定

---

[注7] 3.7 節参照．

## 17.4 有理多項式行列の入力

してもよい。

```
>> CA = (A,:)
=== [CA] : ( 2,  2) ===
         [           ( 1)           ]  [           ( 2)           ]
                 (1,0) s + (1,0)                (1,0) s + (3,0)
   ( 1) -------------------------    -------------------------
                 (1,0) s + (2,0)                (1,0) s + (4,0)

                 (1,0) s + (5,0)                (1,0) s + (7,0)
   ( 2) -------------------------    -------------------------
                 (1,0) s + (6,0)                (1,0) s + (8,0)
>> CB = (:,A)
=== [CB] : ( 2,  2) ===
         [           ( 1)           ]  [           ( 2)           ]
                 (0,1) s + (0,1)                (0,1) s + (0,3)
   ( 1) -------------------------    -------------------------
                 (1,0) s + (2,0)                (1,0) s + (4,0)

                 (0,1) s + (0,5)                (0,1) s + (0,7)
   ( 2) -------------------------    -------------------------
                 (1,0) s + (6,0)                (1,0) s + (8,0)
```

複素有理多項式行列の実部と虚部は，関数 `Re()` と `Im()` で取り出せる。

```
>> C = [[((1,1)*s+(1,3))/(s+2), ((1,1)*s+(3,5))/(s+4)]
        [((1,1)*s+(5,7))/(s+6), ((1,1)*s+(7,1))/(s+8)]];
>> A = simplify(Re(C))
=== [A] : ( 2,  2) ===
         [           ( 1)           ]  [           ( 2)           ]
                      s + 1                         s + 3
   ( 1) -------------------------    -------------------------
                      s + 2                         s + 4

                      s + 5                         s + 7
   ( 2) -------------------------    -------------------------
                      s + 6                         s + 8
>> B = simplify(Im(C))
=== [B] : ( 2,  2) ===
         [           ( 1)           ]  [           ( 2)           ]
                      s + 3                         s + 5
   ( 1) -------------------------    -------------------------
                      s + 2                         s + 4

                      s + 7                         s + 1
   ( 2) -------------------------    -------------------------
                      s + 6                         s + 8
```

## 17.4.3 分子配列と分母配列

有理多項式配列の各要素の分子多項式からなる分子配列と分母多項式からなる分母配列を関数 Nu() と De() で取り出せる。以下の例では，有理多項式行列 C の各成分の分子多項式からなる多項式行列 N と分母多項式からなる多項式行列 D を作る。

```
>> A = [[1 2][3 4]];
>> B = [[5 6][7 8]];
>> C = (s .+ A) ./ (s .+ B)
=== [C] : ( 2, 2) ===
          [         ( 1)         ]  [         ( 2)         ]
                   s + 1                    s + 2
    ( 1) -------------------------    -------------------------
                   s + 5                    s + 6

                   s + 3                    s + 4
    ( 2) -------------------------    -------------------------
                   s + 7                    s + 8
>> N = Nu(Array(C))
=== [N] : ( 2, 2) ===
          [         ( 1)         ]  [         ( 2)         ]
    ( 1)           s + 1                    s + 2
    ( 2)           s + 3                    s + 4
>> D = De(Array(C))
=== [D] : ( 2, 2) ===
          [         ( 1)         ]  [         ( 2)         ]
    ( 1)           s + 5                    s + 6
    ( 2)           s + 7                    s + 8
```

## 17.5　式の評価

### 17.5.1　多項式の評価

関数 eval() を用い，多項式の変数にいろいろな型の値を代入した結果を求めることができる。例えば，多項式 p に実数と複素数を代入すると

```
>> p = 3*s^2 + 4*s + 5;
>> a = eval(p, 2.0)
a = 25
```

```
>> b = eval(p, (1,2))
b = (0, 20)
```

となり，多項式と有理多項式を代入すると

```
>> q = eval(p, s+1)
q = 3 s^2 + 10 s + 12
>> t = eval(p, 1/(s+1))
      5 s^2 + 14 s + 12
t = -------------------
         s^2 + 2 s + 1
```

となり，行列を代入すると

```
>> A = eval(p, [[1 2][3 4]])
=== [A] : ( 2, 2) ===
              ( 1)              ( 2)
( 1)   3.00000000E+01   3.80000000E+01
( 2)   5.70000000E+01   8.70000000E+01
```

となる。行列を代入する評価では定数項は単位行列の定数倍として評価される。例えば，ケーリー・ハミルトンの定理[20]より，

```
>> A = [[1 2 3][4 5 6][7 8 9]];
>> eval(det(s*I(A) - A), A)
=== [ans] : ( 3, 3) ===
              ( 1)              ( 2)              ( 3)
( 1)   0.00000000E+00   0.00000000E+00   0.00000000E+00
( 2)   0.00000000E+00   0.00000000E+00   0.00000000E+00
( 3)   0.00000000E+00   0.00000000E+00   0.00000000E+00
```

が成り立つ。

### 17.5.2　有理多項式の評価

　関数 eval() を用い，有理多項式の変数にいろいろな型の値を代入した結果を求めることができる。例えば，有理多項式 r に実数と複素数を代入すると

```
>> r = (s + 2)/(2*s + 3);
>> a = eval(r, 2.0)
a = 0.57142857
>> b = eval(r, (1,2))
b = (0.560976 , -0.0487805)
```

## 17 多項式と有理多項式

となり，多項式と有理多項式を代入すると

```
>> q = eval(r, s+1)
        s + 3
q = ---------
       2 s + 5
>> t = [simplify([eval(r, 1/(s+1))])](1,1)
       0.666667 s + 1
t = ----------------
       s + 1.66667
```

となり，行列を代入すると

```
>> A = eval(r, [[1 2][3 4]])
=== [A] : ( 2, 2) ===
                ( 1)              ( 2)
(  1)   6.77419355E-01  -6.45161290E-02
(  2)  -9.67741935E-02   5.80645161E-01
```

となる．行列を代入する評価では定数項は単位行列の定数倍として評価される．

### 17.5.3 多項式行列の評価

関数 eval() を用い，多項式行列の変数にいろいろな型の値を代入した結果を求めることができる．行列を代入する評価では，各変数に行列が代入され評価されるが，配列を代入する評価では，多項式行列に配列の各成分が代入され評価される．例えば，行列を代入して

```
>> R = [[s+1, s+2][s+3, s+4]];
>> A = [[1 2][3 4]];
>> B = eval(R, A);
```

のように評価すると

$$B = \begin{bmatrix} \text{eval(s+1, A)} & \text{eval(s+2, A)} \\ \text{eval(s+3, A)} & \text{eval(s+4, A)} \end{bmatrix} = \begin{bmatrix} 2 & 2 & 3 & 2 \\ 3 & 5 & 3 & 6 \\ 4 & 2 & 5 & 2 \\ 3 & 7 & 3 & 8 \end{bmatrix}$$

となるが，配列を代入して

```
>> C = eval(R, Array(A));
```

のように評価すると

$$C = \begin{bmatrix} \text{eval(R, 1)} & \text{eval(R, 2)} \\ \text{eval(R, 3)} & \text{eval(R, 4)} \end{bmatrix} = \begin{bmatrix} 2 & 3 & 3 & 4 \\ 4 & 5 & 5 & 6 \\ 4 & 5 & 5 & 6 \\ 6 & 7 & 7 & 8 \end{bmatrix}$$

となる。

## 17.5.4 有理多項式行列の評価

関数 eval() を用い，有理多項式行列の変数にいろいろな型の値を代入した結果を求めることができる。行列を代入する評価では，各変数に行列が代入され評価されるが，配列を代入する評価では，多項式行列に配列の各成分が代入され評価される。例えば，行列を代入して

>> R = [[(s+1)/(s+2), (s+3)/(s+4)][(s+5)/(s+6), (s+7)/(s+8)]];
>> A = [[1 2][3 4]];
>> B = eval(R, A);

のように評価すると

$$B = \begin{bmatrix} \text{eval}((s+1)/(s+2), A) & \text{eval}((s+3)/(s+4), A) \\ \text{eval}((s+5)/(s+6), A) & \text{eval}((s+7)/(s+8), A) \end{bmatrix}$$

$$= \begin{bmatrix} 0.50000 & 0.16667 & 0.76471 & 0.05882 \\ 0.25000 & 0.75000 & 0.08824 & 0.85294 \\ 0.84375 & 0.03125 & 0.88235 & 0.01961 \\ 0.04688 & 0.89063 & 0.02941 & 0.91176 \end{bmatrix}$$

となるが，配列を代入して

>> C = eval(R, Array(A));

のように評価すると

$$C = \begin{bmatrix} \text{eval(R, 1)} & \text{eval(R, 2)} \\ \text{eval(R, 3)} & \text{eval(R, 4)} \end{bmatrix}$$

$$= \begin{bmatrix} 0.66667 & 0.75000 & 0.80000 & 0.83333 \\ 0.80000 & 0.83333 & 0.85714 & 0.87500 \\ 0.85714 & 0.87500 & 0.88889 & 0.90000 \\ 0.88889 & 0.90000 & 0.90909 & 0.91667 \end{bmatrix}$$

となる。

## 17.6 微分と積分

関数 derivative() で多項式などの微分を求めることができ，関数 integral() で多項式と多項式行列の (不定) 積分[注8]を求めることができる。

### 17.6.1 多項式の微分と積分

多項式の微分と積分は，関数 derivative() と integral() を用いる。第 2 引数に求める導関数 (derivative) あるいは不定積分 (indefinite integral) の階数を指定できる。階数を省略すると 1 階の導関数または不定積分が求まる。

```
>> p = 3*s^2 + 4*s + 5;
>> p1 = derivative(p)
p1 = 6 s + 4
>> p2 = derivative(p, 2)
p2 = 6
>> p3 = integral(p)
p3 = s^3 + 2 s^2 + 5 s
>> p4 = integral(p,2)
p4 = 0.25 s^4 + 0.666667 s^3 + 2.5 s^2
```

### 17.6.2 有理多項式の微分

有理多項式の微分は，関数 derivative() を用いる[注9]。第 2 引数に求める導関数の階数を指定できる。階数を省略すると 1 階の導関数が求まる。

```
>> r = (s + 2)/(2*s + 3);
>> r1 = derivative(r)
              - 1
r1 = ------------------
       4 s^2 + 12 s + 9
>> r2 = derivative(r,2)
                  4
r2 = ----------------------------
       8 s^3 + 36 s^2 + 54 s + 27
```

---

[注8] 定数項が 0 の不定積分。
[注9] 有理多項式の積分は，今のところ用意されていない。

### 17.6.3 多項式行列の微分と積分

多項式行列の微分と積分は，関数 derivative() と integral() を用いる。第2引数に求める導関数あるいは不定積分の階数を指定できる。階数を省略すると1階の導関数または不定積分が求まる。

```
>> A = [s + 1, 2*s^2 + 1]
>> A1 = integral(A)
=== [A1] : ( 1, 2) ===
          [           ( 1)         ]  [           ( 2)            ]
 (  1)         0.5 s^2 + s                   0.666667 s^3 + s
>> A2 = integral(A,2)
=== [A2] : ( 1, 2) ===
          [           ( 1)         ]  [           ( 2)            ]
 (  1)    0.166667 s^3 + 0.5 s^2          0.166667 s^4 + 0.5 s^2
>> A3 = derivative(A2)
=== [A3] : ( 1, 2) ===
          [           ( 1)         ]  [           ( 2)            ]
 (  1)         0.5 s^2 + s                   0.666667 s^3 + s
>> A4 = derivative(A2,2)
=== [A4] : ( 1, 2) ===
          [           ( 1)         ]  [           ( 2)            ]
 (  1)              s + 1                         2 s^2 + 1
```

### 17.6.4 有理多項式行列の微分

有理多項式行列の微分は，関数 derivative() を用いる[注10]。第2引数に求める導関数の階数を指定できる。階数を省略すると1階の導関数が求まる。

```
>> A = [1/s, 2/(2*s+1)]
>> A1 = derivative(A)
          [           ( 1)         ]  [           ( 2)            ]
                      - 1                          - 4
 (  1)    ------------------------          ------------------------
                      s^2                         4 s^2 + 4 s + 1
>> A2 = derivative(A,2)
=== [A2] : ( 1, 2) ===
          [           ( 1)         ]  [           ( 2)            ]
                       2                           16
 (  1)    ------------------------          ------------------------
                      s^3                     8 s^3 + 12 s^2 + 6 s + 1
```

---

[注10] 有理多項式行列の積分は，今のところ用意されていない。

## 17.7 係数のシフト

### 17.7.1 多項式の係数のシフト

多項式の係数をシフトするには，高次方向には関数 higher()，低次方向には関数 lower() を用いる。heigher() を用いたとき，定数項は 0 となる。第 2 引数にシフトする回数を指定できる。回数を省略すると 1 回のシフトを意味する。

```
>> p = 3*s^2 + 4*s + 5;
>> p1 = higher(p)
p1 = 3 s^3 + 4 s^2 + 5 s
>> p2 = higher(p,2)
p2 = 3 s^4 + 4 s^3 + 5 s^2
>> p3 = lower(p2)
p3 = 3 s^3 + 4 s^2 + 5 s
```

### 17.7.2 有理多項式の係数のシフト

有理多項式の係数をシフトするには，高次方向には関数 higher() を，低次方向には関数 lower() を用いる。関数 heigher() を用いたとき，定数項は 0 となる。第 2 引数にシフトする回数を指定できる。回数を省略すると 1 回のシフトを意味する。

```
>> r = (s + 2)/(2*s + 3);
>> r1 = higher(r)
          s^2 + 2 s
r1 = --------------
         2 s^2 + 3 s
>> r2 = higher(r,2)
          s^3 + 2 s^2
r2 = ---------------
         2 s^3 + 3 s^2
>> r3 = lower(r2)
          s^2 + 2 s
r3 = --------------
         2 s^2 + 3 s
```

## 17.7.3 多項式行列の係数のシフト

多項式行列の各要素の係数をシフトするには，高次方向には関数 `higher()`，低次方向には関数 `lower()` を用いる．第2引数にシフトする回数を指定できる．回数を省略すると1回のシフトを意味する．

```
>> A = [[s^2+2*s+1, s+1][s, s^3 + 1]];
>> B = higher(A)
=== [B] : ( 2,  2) ===
         [            ( 1)          ]  [         ( 2)           ]
( 1)        s^3 + 2 s^2 + s                   s^2 + s
( 2)              s^2                          s^4 + s
>> C = higher(A,2)
=== [C] : ( 2,  2) ===
         [            ( 1)          ]  [         ( 2)           ]
( 1)        s^4 + 2 s^3 + s^2                 s^3 + s^2
( 2)              s^3                          s^5 + s^2
>> D = lower(C)
=== [D] : ( 2,  2) ===
         [            ( 1)          ]  [         ( 2)           ]
( 1)        s^3 + 2 s^2 + s                   s^2 + s
( 2)              s^2                          s^4 + s
```

## 17.7.4 有理多項式行列の係数のシフト

有理多項式行列の各要素の係数をシフトするには，高次方向には関数 `higher()`，低次方向には関数 `lower()` を用いる．第2引数にシフトする回数を指定できる．回数を省略すると1回のシフトを意味する．

```
>> A = [[1/(s+1), 0][0, s/(s^2+3)]];
>> B = simplify(higher(A))
=== [B] : ( 2,  2) ===
         [         ( 1)        ]  [         ( 2)          ]
                   1                         0
( 1) ------------------------      ------------------------
                 s + 1                         1

                   0                          s
( 2) ------------------------      ------------------------
                   1                        s^2 + 3
>> C = lower(B)
=== [C] : ( 2,  2) ===
```

$$
\begin{bmatrix} (1) \\ 0 \\ \hline 1 \end{bmatrix} \quad \begin{bmatrix} (2) \\ 0 \\ \hline 1 \end{bmatrix}
$$

$$
(1) \quad \frac{0}{1} \qquad \frac{1}{s}
$$

## 17.8 多項式と有理多項式の比較

### 17.8.1 多項式の比較

関係演算子 == と != を使って，2つの多項式を比較できる。結果は，1(真) または 0(偽) となる。次数が等しく，すべての係数が等しいとき，2つの多項式は等しい。以下の例は，2つの多項式 p1 と p2 を比較する。

```
>> p1 = (s+1)^2;
>> p2 = s^2+2*s+1;
>> print p1 == p2
ans = 1
>> print p1 != p2
ans = 0
```

### 17.8.2 有理多項式の比較

関係演算子 == と != を使って，2つの有理多項式を比較できる。結果は，1(真) または 0(偽) となる。分子多項式と分母多項式の両方が等しいとき，2の有理多項式は等しい。以下の例は，2つの有理多項式 r1 と r2 を比較する。

```
>> r1 = 1/(s+1)^2;
>> r2 = 1/(s^2+2*s+1);
>> print r1 == r2
ans = 1
>> print r2 != r2
ans = 0
```

## 17.8.3　多項式行列の比較

関係演算子 == と != を使って，2つの多項式行列を比較できる。結果は1(真)または0(偽)となる。すべての成分が等しいとき，2つの多項式行列は等しい。以下の例は，2つの多項式行列 A と B を比較する。

```
>> A = [[s+1, s+2][s+3, s+4]];
>> B = s .+ [[1 2][3 4]];
>> print A == B
ans = 1
>> print A != B
ans = 0
```

## 17.8.4　有理多項式行列の比較

関係演算子 == と != を使って，2つの有理多項式行列を比較できる。結果は1(真)または0(偽)となる。すべての成分が等しいとき，2つの有理多項式行列は等しい。以下の例は，2つの有理多項式行列 A と B を比較する。

```
>> A = [[1/(s+1), 1/(s+2)][1/(s+3), 1/(s+4)]];
>> B = (s .+ [[1 2][3 4]]).~;
>> print A == B
ans = 1
>> print A != B
ans = 0
```

# 17.9　多項式の根，有理多項式の零点と極

多項式の根は関数 roots() で，有理多項式の零点と極は関数 zeros() と poles() でそれぞれ求まる。これらの関数は，結果を複素(縦)ベクトルで返す。

```
>> s = Polynomial("s");
>> r = (s^2+5*s+6)/(s^3+s^2+s+1);
>> zeros(r)
=== [ans] : (   2,   1) ===
          [ (   1)-Real      (   1)-Imag ]
(   1) -2.00000000E+00   0.00000000E+00
```

225

## 17 多項式と有理多項式

```
(   2) -3.00000000E+00   0.00000000E+00
>> poles(r)
=== [ans] : (  3,  1) ===
         [ (  1)-Real       (  1)-Imag ]
(  1) -1.38777878E-16   1.00000000E+00
(  2) -1.38777878E-16  -1.00000000E+00
(  3) -1.00000000E+00   0.00000000E+00
```

# 第18章

# リスト

　リスト (List) は，任意の型の値を 1 次元的に保存する。リストを利用し，関連する情報を一つにまとめることができる。また，可変個引数の関数[注1]や複数個の値を同時に返す関数[注2]を定義できる。

## 18.1　リストの入力

　リストを記述するには，成分となる値をカンマ","で区切って並べ，大括弧 { と } で囲む。例えば，

```
>> {4, (3,4), "Hello", [1 2]}
ans = {4, (3,4), "hello", MATRIX}
```

により，成分が整数，複素数，文字列，行列であるリストが定義される。リストを表示すると，成分が整数，実数，複素数，文字列なら，その値が表示され，その他なら型名が表示される。リストの成分には任意の式を書くことができる。例えば，

```
>> x = {sqrt(3.0), ((1.0+2.0)*4.0,:), [1 2] + [3 4]}
x = {1.73205, (12,0), MATRIX}
```

---
[注1] 13.3.2 節参照。
[注2] 13.4 節参照。

により，成分が実数，複素数，行列であるリストがxに代入される。関数`makelist()`を使って，任意個の成分を持つリストを定義できる。このとき，リストの成分の初期値は0(整数) である。例えば，

>> $x = makelist(3)$
x = {0, 0, 0}

で，成分が3個のリストが定義される。また，関数`length()`でリストの成分の個数を調べることができる。

>> $length(x)$
ans = 3

リストを整数n倍すると，元のリストをn個並べたリストができる。

>> $x = \{1,2\} * 3$
x = {1, 2, 1, 2, 1, 2}

## 18.2 成分の参照

リストの成分は

>> $\{a, b, c, d\} = \{4, (3,4), "Hello", [1\ 2]\};$
>> $print\ a, b, c, d$
a = 4
b = (3,4)
c = Hello
=== [d] : (  1,   2) ===
            (  1)            (  2)
(  1)    1.00000000E+00   2.00000000E+00

のように簡単に取り出すことができる。ただし，インタプリタのコマンドライン以外では，左辺の変数の型と対応するリストの成分の型は一致しなければならない。もし右辺のリストが左辺のリストより長いなら，右辺のリストの前の方の成分だけが左辺のリストに代入される。

リストの成分を直接参照するには，次に示すように丸括弧（と）の間に成分の番号とその型を書く。

```
>> x = {sqrt(3.0), ((1+2)*4,:), [1 2] + [3 4]};
>> a = x(1,Real)
a = 1.73205
>> b = x(2,Complex)
b = (12,0)
```

大括弧 { と } で定義したリストの成分を直接参照することもできる。

```
>> a = {sqrt(3.0), ((1+2)*4,:)}(1,Real)
a = 1.73205
>> b = {sqrt(3.0), ((1+2)*4,:)}(2,Complex)
b = (12,0)
```

成分の番号の代わりに，コロン : で範囲を指定するか指数 (Index) を用いれば，指定した成分からなるリストを作ることができる。次に例を示す。

```
>> x = {4, (3,4), "Hello", [1 2]};
>> print x(2:3)
ans = {(3,4), "Hello"}
>> idx = Index([1 3]);
>> print x(idx)
ans = {4, "Hello"}
```

## 18.3　成分の代入

リストの成分に値を代入するには

```
>> x = {4, (3,4), "Hello", [1 2]};
>> x(1) = "4";
>> x(3) = [(3,4)];
>> print x
x = {"4", MATRIX, MATRIX, MATRIX}
```

のようにする。現在の成分と異なる型の値を代入してもよい。成分の番号の代わりに，コロン : で範囲を指定するか指数 (Index) を用いれば，指定した成分に値を代入できる。次に例を示す。

```
>> x = {4, (3,4), "Hello", [1 2]};
```

```
>> x(2:3) = {(5,6), "world"};
>> print x
x = {4, (5,6), "world", MATRIX}
>> idx = Index([1 3]);
>> x(idx) = {8, "Hello"};
>> print x
x = {8, (5,6), "Hello", MATRIX}
```

## 18.4　リストの結合

次に示すように演算子 + を用いリストを結合できる。

```
>> x = {1, 3.14, [1]};
>> y = {(3,4), "Hello"};
>> z = x + y
z = {1, 3.14, MATRIX, (3,4), "Hello"}
```

## 18.5　リストの比較

関係演算子 == と != を使って，2つのリストを比較できる。結果は，1(真)または 0(偽) となる。すべての成分が等しいとき，2つのリストは等しい。リストの成分にリストが含まれる場合，そのリストの成分も等しいとき，2つのリストは等しい。以下の例は，2つのリストaとbを比較する。

```
>> a = {1, {1.2, "hello"}, [[1 2][3 4]]};
>> b = {1, 1.2, "hello", [[1 2][3 4]]};
>> print a == b
ans = 0
```

リストを関係演算子 .==, .!= で比較すると，成分ごとに比較が行われ，結果は 1(真) または 0(偽) を成分とする配列となる。2つのリストの長さが一致しないと，成分ごとの比較はできない。以下の例では，2つのリストから一致する成分を取り出す。

```
>> a = {1, 3.14, "hello", [3]};
```

```
>> b = {1, 3, "HELLO", [3]};
>> a(a .== b)
ans = {1, MATRIX}
```

また，リストのすべての成分が整数または実数のとき，関係演算子 .<, .<=, .>, .>= ですべての成分について成分ごとに比較できる．結果は 1(真) または 0(偽) を成分とする配列となる．以下の例では，リスト a からリスト b の対応する成分より小さい成分を取り出す．

```
>> a = {1, 2, 3, 4, 5, 6, 7};
>> b = {0, 3, 5, 3, 3, 6, 8};
>> a(a .< b)
ans = {2, 3, 7}
```

リストとリスト以外の型の値を関係演算子 .==, .!= で比較すると，成分ごとに比較が行われ，結果は 1(真) または 0(偽) を成分とする配列となる．以下の例では，リストから文字列"a"以外の成分を取り出す．

```
>> a = {1, "a", 3.14, "a", [3]};
>> a(a .!= "a")
ans = {1, 3.14, MATRIX}
```

リストのすべての成分が整数または実数のとき，関係演算子 .<, .<=, .>, .>= である整数または実数とすべての成分について成分ごとに比較できる．結果は 1(真) または 0(偽) を成分とする配列となる．以下の例では，リスト a から 3 以上かつ 9 以下の成分を取り出す．

```
>> a = {1, 2.1, 3, 4.2, 5, 7.3, 9.4, 10.5};
>> a(3 .<= a && a .<= 9)
ans = {3, 4.2, 5, 7.3}
```

リストと Integer や Matrix などの型名を関係演算子 .==, .!= で比較すると，成分ごとに型の比較が行われ，結果は 1(真) または 0(偽) を成分とする配列となる．以下の例では，リストから文字列型 (String) 以外の成分を取り出す．

```
>> a = {1, "a", 3.14, "b", [3]};
>> a(a .!= String)
ans = {1, 3.14, MATRIX}
```

## 18.6 成分の型

関数 typeof() を用いてリストの成分の型を調べることができる。そして，== や != による型の判定や switch 文による型の選択ができる。例えば，リスト x について，typeof(x,1) は 1 番目の成分の型に関連する整数を返す。この整数を等号と不等号で型と比較できる。次に例を示す。

```
>> x = {1, 3.14, MATRIX, (3,4), "Hello"}
>> typeof(x,1)
ans = 259
>> if (typeof(x,1) == Integer) { print "integer\n"; }
integer
```

得られた整数を用い switch 文で型を判定する例を次に示す。

```
for (i = 1; i <= length(x); i++) {
    switch (typeof(x,i)) {
        case String:     print "String\n";     break;
        case Integer:    print "Integer\n";    break;
        case Real:       print "Real\n";       break;
        case Complex:    print "Complex\n";    break;
        case Polynomial: print "Polynomial\n"; break;
        case Rational:   print "Rational\n";   break;
        case Matrix:     print "Matrix\n";     break;
        case Array:      print "Array\n";      break;
        case Index:      print "Index\n";      break;
        case List:       print "List\n";       break;
        default:         print "Error\n";      break;
    }
}
```

また，typeof(x) はすべての成分の型に関連する整数からなるリストを返す[注3]。

```
>> typeof(x)
ans = {259, 260, 267, 261, 258}
```

## 18.7 多段リスト

リストを成分にもつリストを**多段リスト**という。

---

[注3] typeof() で得られる整数はバージョンによって変るので，その値を異なるバージョンに用いてはならない。

## 18.7.1　多段リストの入力

多段リストは次のように入力する。

```
>> x = {1, 3.14, [1]};
>> y = {(3,4), "Hello"};
>> z = {x, y}
z = {{1, 3.14, MATRIX}, {(3,4), "Hello"}}
```

関数 makelist() で任意個の成分をもつ多段リストを作れる。

```
>> v = makelist(2, 3, 2)
v = {{{0, 0}, {0, 0}, {0, 0}}, {{0, 0}, {0, 0}, {0, 0}}}
```

また，関数 length() で多段リストの任意の段の長さを調べられる。

```
>> z = {1, {2, {3, {4}}, 5}, 6, {7, 8}};
>> length(z)
ans = 4
>> length(z, 2, 2)
ans = 2
```

ただし，該当する成分がリストでないとき，関数 length() は 0 を返す。

```
>> length(z, 1)
ans = 0
```

## 18.7.2　多段リストの成分の参照

多段リストの成分を参照するには，次に示すように丸括弧（ と ）の間に成分の番号とその型を書く。

```
>> a = z(1,2,Real)
a = 3.14
>> b = x(2,1,Complex)
b = (3,4)
```

大括弧 { と } で定義したリストの成分を直接参照することもできる。

```
>> a = {{1, 3.14, [1]}, {(3,4), "Hello"}}(1,3,Matrix)
```

```
=== [a] : (  1,  1) ===
              (  1)
(  1)   1.00000000E+00
>> b = {{1, 3.14, [1]}, {(3,4), "Hello"}}(2,2,String)
b = Hello
```

この方法を使えば，関数が返したリストの成分を直接参照できる．例えば，ソート関数 sort() はソートした結果と元のベクトルの成分の順番を示す指数からなるリストを返すが，次の例は指数のみを取り出す．

```
>> a = [5 1 3 4 7 2 6 8];
>> idx = {sort(a)}(1,2,Index)
=== [idx] : (  1,  8) ===
              (  1)           (  2)           (  3)           (  4)
(  1)   2.0000000E+00   6.0000000E+00   3.0000000E+00   4.0000000E+00
              (  5)           (  6)           (  7)           (  8)
(  1)   1.0000000E+00   7.0000000E+00   5.0000000E+00   8.0000000E+00
```

成分の番号の代わりに，指数 (Index) を用いれば，指定した成分からなるリストを作ることができる．次の例では，すべての2段目のリストから1番目の成分を取り出す．

```
>> a = {{1, 2, 3}, {4, 5, 6}, {7, 8, 9}};
>> a(Index([1:3]), 1)
ans = {1, 4, 7}
```

このように多段リストは，任意の型の値を保存できる多次元の保存場所として使うことができる．他のプログラミング言語の配列と異なり，

```
a = {{1}, {4, 5, 6}, {7, 9}};
```

のように，場所ごとに異なる個数の成分を保存できる．

## 18.7.3　多段リストの成分の代入

多段リストの成分に値を代入するには

```
>> z = {{1, 3.14, [1]}, {(3,4), "Hello"}};
>> z(2,2) = "world";
>> z(1,3) = [(3,4)];
```

```
>> print z
z = {{1, 3.14, MATRIX}, {(3,4), "world"}}
```

のようにする。現在の成分と異なる型の値を代入してもよい。成分の番号の代わりに指数(Index)を用いれば，指定した成分に値を代入できる。次に例を示す。

```
>> z = {{1, 3.14, [1]}, {(3,4), "Hello"}};
>> z(Index([1 2]), 1) = {2, (5,6)};
>> print z
z = {{2, 3.14, MATRIX}, {(5,6), "Hello"}}
```

## 18.7.4　多段リストの成分の型

　関数 `typeof()` を用いれば，多段リストの任意の成分の型を調べることができる。そして，`==` と `!=` による型の判定や `switch` 文による型の選択ができる。例えば，多段リスト z について，`typeof(z,1,1)` は1番目のリストの1番目の成分の型に関連する整数を返す。この整数は，等号と不等号で型と比較できる。次に例を示す。

```
>> z = {{1, 3.14, [1]}, {(3,4), "Hello"}};
>> typeof(z,1,1)
ans = 259
>> if (typeof(z,1,1) == Integer) { print "integer\n"; }
integer
```

# 第19章

# プリプロセッサ

MATX は，C プリプロセッサを呼び出すことによって，言語仕様の拡張を行っている。拡張された言語仕様のうち，最もよく使われる機能は，ある文字列を任意の文字列に置換するための #define と別のファイルを読み込むための #include である。デフォルトで呼び出される C プリプロセッサは，UNIX では cpp, Windows では DJGPP の cpp であるが，次に示すように別のプリプロセッサを環境変数 MATXCPP に設定できる。UNIX の場合，

    % *setenv MATXCPP /usr/local/lib/gcc-lib/cpp*

のように設定する。Visual C++版の場合，

    C:> *set MATXCPP=cl*

のように設定すると，C コンパイラ (cl) を C プリプロセッサとして呼び出すようになる。インタプリタやコンパイラにオプション -nocpp を指定すると，C プリプロセッサが起動されなくなる。オプション -Dname=def によって C プリプロセッサにマクロをわたせる。

また，インタプリタ (matx) の実行時には \_\_MATX\_\_ が，コンパイラ (matc) の実行時には \_\_MATC\_\_ が自動的に 1 に定義される。これらを利用すれば，インタプリタとコンパイラで実行される部分を容易に分けられる。例えば，ある関数をデバッ

## 19 プリプロセッサ

グするとき，その関数を matx でスクリプトとして実行したいなら，以下のようすればよい．

```
#ifdef __MATC__
Func void afo()
{
#endif
   Matrix A,B,C;

   A = [[1 2][3 4]];
   B = [[5 6][7 8]];
   C = A + B;
   print A,B,C;
#ifdef __MATC__
}
#endif
```

この例では，matx を実行するとプログラムはスクリプトとして実行され，A, B, C は大域変数として定義されるので，コマンドラインからそれらを参照できる．matc を実行すれば，関数 afo() が定義される．また，次のファイル (foo.mm)

```
  // foo.mm
  Func void foo()
  {
     Matrix A,B,C;

     A = [[1 2][3 4]];
     B = [[5 6][7 8]];
     C = A + B;
     print A,B,C;
  }
#ifdef __MATX__
  main();
#endif
```

を matx でコマンド load で

>> load "foo.mm"

のように読み込むと，シェルのコマンドラインで

% matx foo.mm –e 'main();'

のようにするのと同じ結果が得られる．一方，matc でコンパイルすると，関数 foo() のみが定義され，最終行の "main();" は無視される．

**238**

## 19.1 条件付き処理

次のプリプロセッサの制御文
```
#if constant-expression
```
は，定数式がゼロでないかチェックする。次の制御文
```
#ifdef identifier
```
は，`identifier`が定義されているかチェックする。すなわち，`identifier`が既に`#define`によって定義されたかどうかをチェックする。次の制御文
```
#ifndef identifier
```
は，`identifier`が定義されていないかチェックする。これらの制御文の後には，任意のソースと制御文
```
#else
```
と
```
#endif
```
が続くことができる。もし，チェックされた条件が真のとき，`#else`と`#endif`の間の行は無視される。もし，チェックされた条件が偽のとき，テストと`#else`あるいは，`#endif`の間の行は無視される。

## 19.2 ファイルの読み込み

ファイルの読み込み機能は，マクロ定義`#define`の集合や変数の宣言などの取り扱いを容易にするためのものである。次の行
```
#include "filename.mm"
```
は，ファイル`filename.mm`の内容と置き換えられる。`filename.mm`に引用符がついているときには，そのファイルの検索は，元のソースファイルのあるディレクトリから始められる。次のように`filename.mm`が`<`と`>`で囲まれている場合には，MM-ファイルと同じ規則 (15.5節参照) に従って検索が行われる。
```
#include <filename.mm>
```

## 19.3 マクロ置換

次のマクロ定義

```
#define    YES    1
```

によって，その名前 (YES) を文字列 (1) によって置換するという簡単な代入が行われる。

普通，定義行の終りまでが置換テキストであるが，逆スラッシュ \ を行末に付けることによって，長い定義を次の行に続けることができる。#define で定義された名前の通用範囲は，定義した点からそのファイルを読み込む一連の作業の最後までである。また，引数つきマクロの定義も可能である。これを使えば，テキストの置換はマクロの呼び出しに依存することになる。例えば，次の ABCD というマクロを定義したとする。

```
#define ABCD(S) S(1,Matrix),S(2,Matrix),S(3,Matrix),S(4,Matrix)
```

この ABCD はインライン展開され

```
S = tf2ss((s+1)/(s^2+3*s+4));
bodeplot(ABCD(S))
```

は次のようにかわる。

```
S = tf2ss((s+1)/(s^2+3*s+4));
bodeplot(S(1,Matrix),S(2,Matrix),S(3,Matrix),S(4,Matrix));
```

# 第 20 章

# データ解析と信号処理

この章では，データ解析と信号処理の基本的な方法について説明する．データ解析や信号処理におけるデータや時系列はベクトルで表現される．ある関数 func() がベクトル対して作用すると，関数 func_row() は行列に対して行ごとに，関数 func_col() は列ごとに作用する．数種類のデータを行列の各行に保存し，行ごとに計算する場合は func_row() を，データを各列に保存し，列ごとに計算する場合は func_col() を使用する．いずれの関数もベクトル (列ベクトル又は行ベクトル) に対しては同様に作用する．

MATX は C 言語で記述されており，2 次元データのアクセスは行方向の方が高速なので，データを行列の各行に保存し，行ごとに計算する方が列ごとに計算するより効率的である．

## 20.1　基本的なデータ解析

データ解析に使う基本的な関数を表 20.1 に示す．これらの関数は，ベクトルに対しても行列に対してもすべての成分について働く．上段のグループの関数は計算結果をスカラーで返す．中段のグループの関数は，まず行を左から右へ，そして各行を上から下へ計算し，与えられた行列と同じ大きさの行列を計算結果とし

## 20 データ解析と信号処理

て返す．下段のグループの関数は，計算結果(スカラー)と，その成分のインデックス(行と列の番号)を返す．

表 20.1 データ解析のための基本的な関数(すべての成分)

| 関数名 | 機能 | 関数名 | 機能 |
|---|---|---|---|
| max | 最大値 | min | 最小値 |
| sum | 総和 | prod | 総積 |
| mean | 平均値 | median | 中間値 |
| cov | 分散 | std | 標準偏差 |
| cumsum | 累和 | cumprod | 累積 |
| hist | ヒストグラム | diff | 差分 |
| maximum | 最大値 | sort | ソート |
| minimum | 最小値 | | |

例えば，

```
A = [[9 8 4]
     [1 6 5]
     [3 2 7]];
```

とき，次のような結果となる．

```
>> m = max(A)
m = 9
>> mv = mean(A)
mv = 5
>> s = cumsum(A)
=== [s] : ( 3, 3) ===
              ( 1)           ( 2)           ( 3)
(  1)   9.00000000E+00  1.70000000E+01  2.10000000E+01
(  2)   2.20000000E+01  2.80000000E+01  3.30000000E+01
(  3)   3.60000000E+01  3.80000000E+01  4.50000000E+01
>> {mm,i,j} = minimum(A);
>> print mm,i,j
mm = 1
i = 2
j = 1
```

242

## 20.2 基本的な信号処理

信号のデータ型としては配列 (Array) が適する場合が多い。例えば，2つの信号 x と y のデータ型が配列なら，時刻ごとのデータの四則演算は

```
z1 = x + y;
z2 = x - y;
z3 = x * y;
z4 = x / y;
```

となる。いずれの演算も成分ごとに行われる。

様々な信号を時刻の列から簡単に生成できる。例えば，サンプル周波数が 1KHz の信号を生成するには，まず時刻の列を

>> *t = [0:0.001:1];*

で生成する。t は 0 秒から 0.001 秒刻みで 1 秒までの時刻の列である。この時刻の列を基に，周波数が 50Hz でゲインが 1 の正弦波と周波数が 120Hz でゲインが 2 の正弦波からなる信号を生成するには

>> *y = sin(2\*PI\*50\*t) + 2\*sin(2\*PI\*120\*t);*

とする。変数 t が配列型なので，関数 `sin()` は成分ごとの計算結果からなる配列を求める。この信号に平均が 0 で分散が 1 の正規白色雑音を加えた信号を生成し，0 秒から 0.05 秒までプロットすると，図 20.1 が得られる。

>> *yn = y + randn(t);*
>> *mgplot(1, t(1:50), yn(1:50), {"yn"});*

なお，`randn(t)` は平均 0，分散 1 の正規乱数を成分とする，配列 t と同じ大きさの配列を返す。配列に対して，成分ごとに作用する主な関数を表 20.2 に示す。演算結果は引数の配列と同じ大きさの配列である。上段のグループの関数は行列と配列の両方に同様に作用し，中段のグループの関数は配列のみに作用する。下段のグループの関数は行列と配列に異なる作用をする。すなわち，配列に対しては成分ごとに作用し，行列に対しては行列として作用する。例えば，`exp()` は行列に対しては行列指数を

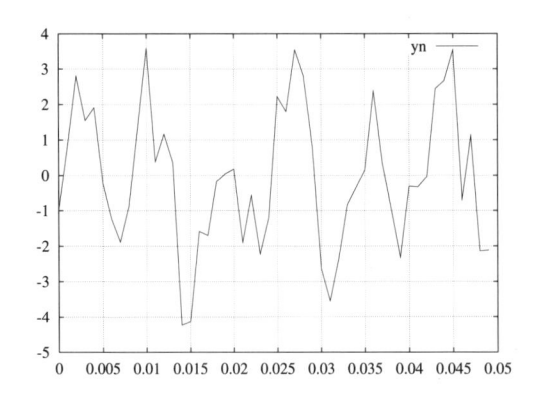

図 20.1 正規白色雑音の加わった正弦波信号

```
>> A = [[1 0][0 1]];
>> exp(A)
=== [ans] : ( 2,  2) ===
               (   1)           (   2)
(   1)  2.71828183E+00   0.00000000E+00
(   2)  0.00000000E+00   2.71828183E+00
```

のように計算し，配列に対しては成分ごとに exp() を

```
>> exp(Array(A))
=== [ans] : ( 2,  2) ===
               (   1)           (   2)
(   1)  2.71828183E+00   1.00000000E+00
(   2)  1.00000000E+00   2.71828183E+00
```

のように計算する。

行列演算が必要なときは，型変換関数 Matrix() で一時的に行列に変換し，演算結果を型変換関数 Array() で配列に戻す．例えば，2つの時系列 x と y について，行列としての積を求めるには

```
>> x = y = Array([[1 2][3 4]]);
>> z = Array(Matrix(x) * Matrix(y))
=== [z] : ( 2,  2) ===
               (   1)           (   2)
(   1)  7.00000000E+00   1.00000000E+01
(   2)  1.50000000E+01   2.20000000E+01
```

表 20.2 信号処理のための基本的な関数 (すべての成分)

| 関数名 | 機能 | 関数名 | 機能 |
|---|---|---|---|
| abs | 絶対値 | arg | 偏角 (ラジアン) |
| conj | 共役複素数 | sgn | 符合 |
| isfinite | 有限の有無 | isnan | NaN の有無 |
| isinf | 無限大の有無 | | |
| max | 大小の比較 | min | 大小の比較 |
| rem | 余り | round2z | ゼロへの丸め |
| floor | 小さい整数へ丸め | ceil | 大きい整数への丸め |
| round | 近い整数へ丸め | fix | 0 方向の整数へ丸め |
| log10 | 常用対数 | sin | 正弦 |
| sinh | 双曲線正弦 | cos | 余弦 |
| cosh | 双曲線余弦 | tan | 正接 |
| tanh | 双曲線正接 | asin | 逆正弦 |
| asinh | 逆双曲線正弦 | acos | 逆余弦 |
| acosh | 逆双曲線余弦 | atan | 逆正接 |
| atan2 | 逆正接 | atanh | 逆双曲線正接 |
| exp | 指数 (行列) | inv | 逆数 (逆行列) |
| log | 自然対数 (行列) | sqrt | 平方根 (行列) |

とする。

## 20.3 行ごとのデータ解析

　数種類のデータが行ごとに保存されていて，行ごとに計算するとき，表 20.3 の関数を使う。引数が縦ベクトルまたは横ベクトルの場合，上段の関数は計算結果を $1 \times 1$ の行列で返し，中段の関数は計算結果を与えられたベクトルと同じ大きさのベクトルで返し，下段の関数は計算結果 ($1 \times 1$ の行列) とその成分のインデックス (番号) を返す。引数が行列の場合，表 20.3 の上段と中段の関数は，行ごとに計算を行い，計算結果を縦ベクトルで返し，下段の関数は計算結果 (縦ベクトル) とその成分のインデックスを返す。これらの関数は配列と行列に同様に作用する。

　例えば，

```
A = [[9 8 4]
     [1 6 5]
     [3 2 7]];
```

20 データ解析と信号処理

表 20.3 行ごとに作用する関数

| 関数名 | 機能 | 関数名 | 機能 |
|---|---|---|---|
| sum_row | 総和 | max_row | 最大値 |
| prod_row | 総積 | min_row | 最小値 |
| mean_row | 平均値 | all_row | すべての成分が0でない |
| median_row | 中間値 | any_row | 0でない成分がある |
| std_row | 標準偏差 | frobnorm_row | フロベニウスノルム |
| cumsum_row | 累和 | cov_row | 共分散行列 |
| cumprod_row | 累積 | corrcoef_row | 相関係数 |
| fft_row | FFT | diff_row | 差分 |
| ifft_row | 逆FFT | unwrap_row | 偏角の修正 |
| sort_row | ソート | hist_row | ヒストグラム |
| maximum_row | 最大値 | minimum_row | 最小値 |

とき，次のような結果となる．

```
>> m = max_row(A)
=== [m] : ( 3, 1) ===
          ( 1)
( 1)  9.00000000E+00
( 2)  6.00000000E+00
( 3)  7.00000000E+00
>> mv = mean_row(A)
=== [mv] : ( 3, 1) ===
           ( 1)
( 1)  7.00000000E+00
( 2)  4.00000000E+00
( 3)  4.00000000E+00
>> s = cumsum_row(A)
=== [s] : ( 3, 3) ===
          ( 1)              ( 2)              ( 3)
( 1)  9.00000000E+00   1.70000000E+01   2.10000000E+01
( 2)  1.00000000E+00   7.00000000E+00   1.20000000E+01
( 3)  3.00000000E+00   5.00000000E+00   1.20000000E+01
```

また，大きなデータ

```
>> data = Matrix(rand(4,100));
```

について，行ごとに中間値を求め，それぞれの行から引くには

```
>> m = median_row(data);
>> mean_data = data – m*ONE(1,Cols(data));
```

**246**

のようにする．ただし，関数 rand() は一様乱数配列を返すので型変換関数 Matrix() で行列に変換する[注1]．

## 20.4 列ごとのデータ解析

数種類のデータが列ごとに保存されていて，列ごとに計算するときは表 20.4 の関数を使う．引数が縦ベクトルまたは横ベクトルの場合，上段の関数は計算結果を $1 \times 1$ の行列で返し，中段の関数は計算結果を与えられたベクトルと同じ大きさのベクトルで返し，下段の関数は計算結果 ($1 \times 1$ の行列) とその成分のインデックス (番号) を返す．引数が行列の場合，表 20.4 の上段と中段の関数は，列ごとに計算を行い，計算結果を横ベクトルで返し，下段の関数は計算結果 (横ベクトル) とその成分のインデックスを返す．これらの関数は配列と行列に同様に作用する．

表 20.4 列ごとに作用する関数

| 関数名 | 機能 | 関数名 | 機能 |
|---|---|---|---|
| sum_col | 総和 | max_col | 最大値 |
| prod_col | 総積 | min_col | 最小値 |
| mean_col | 平均値 | all_col | すべての成分が 0 でない |
| median_col | 中間値 | any_col | 0 でない成分がある |
| std_col | 標準偏差 | frobnorm_col | フロベニウスノルム |
| cumsum_col | 累和 | cov_col | 共分散行列 |
| cumprod_col | 累積 | corrcoef_col | 相関係数 |
| fft_col | FFT | diff_col | 差分 |
| ifft_col | 逆FFT | unwrap_col | 偏角の修正 |
| sort_col | ソート | hist_col | ヒストグラム |
| maximum_col | 最大値 | minimum_col | 最小値 |

例えば，
```
A = [[9 8 4]
     [1 6 5]
     [3 2 7]];
```

[注1] 13.2 節参照．

とき，次のような結果となる。

```
>> m = max_col(A)
=== [m] : ( 1, 3) ===
                ( 1)            ( 2)            ( 3)
( 1)  9.00000000E+00  8.00000000E+00  7.00000000E+00
>> mv = mean_col(A)
=== [mv] : ( 1, 3) ===
                ( 1)            ( 2)            ( 3)
( 1)  4.33333333E+00  5.33333333E+00  5.33333333E+00
>> s = cumsum_col(A)
=== [s] : ( 3, 3) ===
                ( 1)            ( 2)            ( 3)
( 1)  9.00000000E+00  8.00000000E+00  4.00000000E+00
( 2)  1.00000000E+01  1.40000000E+01  9.00000000E+00
( 3)  1.30000000E+01  1.60000000E+01  1.60000000E+01
```

## 20.5　FFT

　離散のフーリエ変換を高速に計算するFFTアルゴリズムは，ディジタル信号処理で最もよく使われるものの1つである。このアルゴリズムは，フィルター，畳み込み，周波数応答，パワースペクトルなどの計算に用いられる。

　fft(x)は2のべき乗の長さのベクトルxを基底が2の高速フーリエ変換を使って変換する。fft_row(X)とfft_col(X)は，それぞれ行列Xの行ごとと列ごとのフーリエ変換を計算する。

　fft(x,n)はn点のフーリエ変換をする。xの長さがnより短いとき，ゼロが後ろに付け加えられる。また，xの長さがnより長いとき，n以降が切り捨てられる。行列Xに対して，fft_row(X,n)とfft_col(X,n)も同様に作用する。

　ifft(x)はベクトルxの逆高速フーリエ変換を行い，ifft(x,n)はn個の逆変換を行う。なお，フーリエ変換と逆フーリエ変換には

$$
\begin{aligned}
X(k) &= \sum_{i=1}^{n} x(i)\omega_n^{(i-1)(k-1)} \\
x(i) &= \frac{1}{n}\sum_{k=1}^{n} X(k)\omega_n^{-(i-1)(k-1)}
\end{aligned}
$$

$$\omega_n = e^{-2\pi j/n}$$

の関係がある。ただし，$j$ は虚数単位である。

例えば，長さ 8 の列ベクトル x

```
>> x = [5, 4, 8, -8, 2, 0, 0, 0]';
```

のフーリエ変換は

```
>> X = fft(x)
=== [X] : ( 8, 1) ===
           [ ( 1)-Real       ( 1)-Imag ]
( 1)   1.10000000E+01   0.00000000E+00
( 2)   1.14852814E+01  -5.17157288E+00
( 3)  -1.00000000E+00  -1.20000000E+01
( 4)  -5.48528137E+00   1.08284271E+01
( 5)   1.90000000E+01   0.00000000E+00
( 6)  -5.48528137E+00  -1.08284271E+01
( 7)  -1.00000000E+00   1.20000000E+01
( 8)   1.14852814E+01   5.17157288E+00
```

となる。x は実ベクトルであるが，X は複素ベクトルとなる。X の最初の成分が直流成分，5 番目の成分がナイキスト周波数の成分である。6 番目から 8 番目の成分は負の周波数に対応し，前半の成分の共役複素数である。

fft(x) で得られた X を ifft(X) で逆変換

```
>> x2 = round2z(ifft(X))
=== [x2] : ( 8, 1) ===
           [ ( 1)-Real       ( 1)-Imag ]
( 1)   5.00000000E+00   0.00000000E+00
( 2)   4.00000000E+00   0.00000000E+00
( 3)   8.00000000E+00   0.00000000E+00
( 4)  -8.00000000E+00   0.00000000E+00
( 5)   2.00000000E+00   0.00000000E+00
( 6)   0.00000000E+00   0.00000000E+00
( 7)   0.00000000E+00   0.00000000E+00
( 8)   0.00000000E+00   0.00000000E+00
```

すると，元のベクトル x に戻る。ただし，絶対値が機種精度 EPS より小さい成分を 0 にするため関数 round2z() を用いた。

20.2 節で求めた正規白色雑音が加わった信号 yn (256 個のデータを用いる) を高速フーリエ変換するには

>> Y = fft(yn, 256);

とする．そして，それぞれの周波数におけるパワースペクトル密度 (エネルギーの尺度) は次のように求まる．

>> Pyy = Re(Y * conj(Y));

パワースペクトル密度をプロットするため

>> f = 1000*[0:127]/256;

のように周波数を作る．パワースペクトル密度のうちはじめの 128 点を用い，パワースペクトル密度をプロットすると，図 20.2 が得られる．周波数が 50Hz と 120Hz の信号が含まれることがわかる．

>> mgplot(1, f, Pyy(1:128), {"power spectral density"});

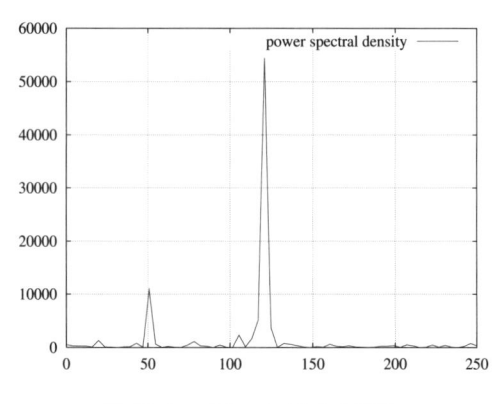

図 20.2 パワースペクトル密度

## 20.6 簡単な外部データの解析

M$_A$TX はエディタなどで作成した外部の ASCII 形式のデータや実験データを読み込むことができる．

## 20.6.1 外部データの読み込み

いま，data.mat というファイルにデータが保存されているとする。ファイルの先頭を以下に示す。

```
# 4 50
 4  0  0  0
 1 -1 -1 -1
 2  0  0 -1
 0 -1  0 -1
 4  2  1  3
 1  0  0  0
-3 -4 -3 -2
 0  0 -3 -1
 2  1  0  0
 2  2  0  0
```

ファイルの第1行にはデータの種類 (4) とデータの個数 (50) が書かれている。各データはスペースまたはタブで区切られている。このデータを

>> read data << "data.mat"

で読み込むと，$4 \times 50$ の行列 data になる。実験のデータをファイルに保存するとき，通常データはファイルの上から下へ書き込まれる。一方，データをグラフにプロットするとき時間は左から右へ進むので，データが行列の行ごとに保存されていれば，行列を表示したときわかりやすい。このため，ファイル中でのデータの方向と行列のデータの方向が異なる。第1行以外の # で始まる行は無視されるので，コメントを書くことができる。

## 20.6.2 データ解析の例

ある先生がある演習の成績をつけるとする。その演習では4回のテストが行われた。各テストには必須問題と発展問題があり，必須問題が1問できないと$-1$，発展問題が1問できると$+1$の素点が与えられ，必須問題がすべてできると，合格点 (60点) となるよう評価する。まず，データをファイルから読み込む。

>> read data << "data.mat"

学生ごとに4つのテストの素点の合計を求め，

評価 = 60(平均点) + 素点 × 5

に基づいて評価を計算するには

>> grade = 60 . + sum_row(data)*5;

とする。ここでは，各学生のデータは行ごとに保存されているので行ごとの和を計算する関数 `sum_row()` を用い，配列演算子 `.+` で平均点 60 をすべての学生の成績に加えた。100 点より大きい成績を 100 点にするには

>> idx = find(grade .> 100);
>> grade(idx) = 100*Array(ONE(idx));

とする。ここでは，100 点より大きいデータの指数 `idx` を関数 `find()` で探し，そこへ 100 を代入した。最後に，関数 `round()` を用い点数を最も近い整数に丸める。

>> grade = round(grade);

成績の平均点と標準偏差を表示するには以下のようにする。

>> printf("平均点 = %g\n", mean(grade));
>> printf("標準偏差 = %g\n", std(grade));

# 第 21 章

# 制御系のシミュレーション

多くの工学や科学の問題は，常微分方程式を解くことが多い．解析的手法で解くことができる問題もあるが，物理的に重要な微分方程式の多くは，一般に非線形であることが多く，数値解法を用いて解かなければならない場合がある．

M$_A$TX には，常微分方程式の数値解を求める (初期値問題を解く) 関数が準備されており，常微分方程式で表現されるシステムの様々なシミュレーションを簡単に実行できる．これらの関数は 4 次の Runge-Kutta 法，Runge-Kutta-Fehlberg(RKF45) 法 [22], [23] で常微分方程式の数値解を求める．また，あらかじめ定めた精度の解を得るために，刻み幅を自動調節する関数がある．

常微分方程式で表現される連続時間システムにディジタルコンピュータのような離散時間システムを接続した (ハイブリッド) システムのシミュレーションをするには，サンプリングの概念が必要になる．M$_A$TX では，ハイブリッドシステムのシミュレーションも連続時間システムのシミュレーションと同様に実行できる．また，むだ時間を含むシステムのシミュレーションも簡単に実行できる[注1]．

---

[注1] 関数 OdeXY() を用いる．

## 21.1 常微分方程式の解

M$_A$TX には，1階常微分方程式

$$\frac{dx}{dt} = f(t,x), \quad x(t_0) = x_0$$

の数値解を求める (初期値問題を解く) 関数がある．ここで，$t$ は時刻，$x$ は方程式の変数 (本書では $x$ のことを状態と呼ぶ) である．高階の常微分方程式や連立の常微分方程式も，状態 $x$ をベクトルにして，この形で表現できる[注2]．例えば，Van der Pol 方程式として知られる2次の微分方程式

$$\ddot{x} + (x^2 - 1)\dot{x} + x = 0$$

は，1次の微分方程式の対

$$\begin{array}{rcl} \dot{x}_1 &=& x_1(1 - x_2^2) - x_2 \\ \dot{x}_2 &=& x_1 \end{array}$$

に書きかえられ，$x = [x_1 \ x_2]^T$ とすれば，1階常微分方程式

$$\dot{x} = f(t,x) := \left[ \begin{array}{c} x_1(1 - x_2^2) - x_2 \\ x_1 \end{array} \right]$$

が得られる．この常微分方程式を解くには，時刻 $t$ と状態 $x$ から状態の微分 $\dot{x}$ を返す関数を作る．この例題の場合，以下のような vdpol() という関数を作る．3番目の引数 u は，外部入力がある場合に用いられる変数であるが，ここでは，無視してよい[注3]．

```
Func Matrix vdpol(t,x,u)
    Real t;
    Matrix x,u;
{
    Matrix dx;

    dx = [[x(1)*(1-x(2)^2) - x(2)]
          [          x(1)         ]];

    return dx;
}
```

[注2] 表現できない特殊な問題もある．
[注3] 将来のバージョンでは，外部入力が不要な場合は，省略できるようになる予定．

## 21.1 常微分方程式の解

この関数で定義された微分方程式の初期値 ($t_0 = 0$ ときの $x$ の値) が $x_0 = [0\ 0.25]^T$ のとき, 微少時間 h=0.1 後の解 x1 を 4 次の Runge-Kutta 法で求めるには,

```
>> x0 = [0 0.25]';          // 初期状態
>> t0 = 0.0;                // 初期時刻
>> h = 0.1;                 // 刻み
>> x1 = rngkut4(t0, x0, vdpol, h)
=== [x1] : ( 2,  1) ===
            ( 1)
(  1) -2.61661617E-02
(  2)  2.48711057E-01
```

とし, Runge-Kutta-Fehlberg (RKF45) 法で求めるには

```
>> x0 = [0 0.25]';          // 初期状態
>> t0 = 0.0;                // 初期時刻
>> h = 0.1;                 // 刻み
>> x1 = rkf45(t0, x0, vdpol, h)
=== [x1] : ( 2,  1) ===
            ( 1)
(  1) -2.61661390E-02
(  2)  2.48711077E-01
```

とする。MATX が提供する常微分方程式を解く関数およびシミュレーションをする関数には, この例のように, 時刻 t(Real), 状態 x(Matrix), 外部入力 u(Matrix) から状態の微分 dx(Matrix) を返す関数を引数としてわたす。なお, 状態の微分を計算する関数の名前は自由に決めてよいが, 引数の順番と型は変更できない。関数 rngkut4() と rkf45() は, 微少時間 h 後の状態 x1 を計算するために関数 vdpol() をそれぞれ 4 回と 6 回呼び出す。また, これらのアルゴリズムの打ち切り誤差は $h^5$ と $h^6$ のオーダーである [23]。

微分方程式の区間 0 <= t <= 20 の解を微少時間 h ごとに (刻み幅 h で) 求めるには, 次のように rngkut4() または rkf45() を繰り返し呼び出せばよい。

```
Func void main()
{
    Integer i, n;
    Real t0, t1, t, h;
    Matrix x0, x, T, X;
    Matrix vdpol();
```

255

## 21 制御系のシミュレーション

```
    x0 = [0 0.25]';           // 初期状態
    t0 = 0.0;                 // 初期時刻
    t1 = 20.0;                // 終端時刻
    h = 0.1;                  // きざみ幅
    n = Integer((t1 - t0)/h); // ループ回数
    T = Z(1,n+1);             // 時刻を保存する行列
    X = Z(2,n+1);             // 状態を保存する行列

    X(:,1) = x = x0;          // 初期状態を保存
    T(1) = t = t0;            // 初期時刻を保存
    for (i = 1; i <= n; i++) {
        X(:,i+1) = x = rngkut4(t, x, vdpol, h);   // 次の時刻の状態
        T(i+1) = t = t + h;                        // 次の時刻
    }
}
```

変数 X には求めた解の時系列が，変数 T には解を計算した時刻の系列が代入される。M$_A$TX には，この一連の作業を簡単に行う関数がある。4次の Runge-Kutta 法の場合，関数 Ode() を

```
Func void main()
{
    Matrix x0,T,X;
    Real t0,t1,h;
    Matrix vdpol();

    x0 = [0 0.25]';       // 初期状態
    t0 = 0.0;             // 初期時刻
    t1 = 20.0;            // 終端時刻
    h = 0.1;              // 刻み
    {T, X} = Ode(t0, t1, x0, vdpol, "", h);
}
```

のように用い，RKF45 法の場合，関数 Ode45() を

```
Func void main()
{
    Matrix x0,T,X;
    Real t0,t1,h;
    Matrix vdpol();

    x0 = [0 0.25]';       // 初期状態
    t0 = 0.0;             // 初期時刻
    t1 = 20.0;            // 終端時刻
    h = 0.1;              // 刻み
    {T, X} = Ode45(t0, t1, x0, vdpol, "", h);
}
```

のように用いる。5 番目の引数には，外部信号を生成する関数を指定するが，指定する関数がない場合，適当な文字列 (ここでは空文字列"") を指定する[注4]。得られた時系列データを

&gt;&gt; *mgplot(1, T, X, {"x1", "x2"});*

でプロットした時間応答を図 21.1 に，

&gt;&gt; *mgplot(2, X(1,:), X(2,:), {"x1-x2"});*

でプロットした位相平面を図 21.2 に示す。

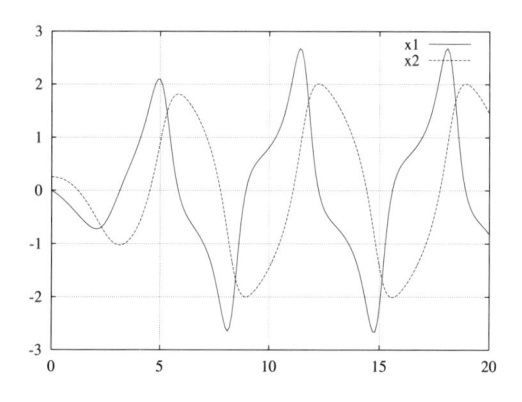

**図 21.1** Van der Pol 方程式の時間応答

---

[注4] 将来のバージョンでは，外部信号を生成する関数が不要な場合は，省略できるようになる予定。

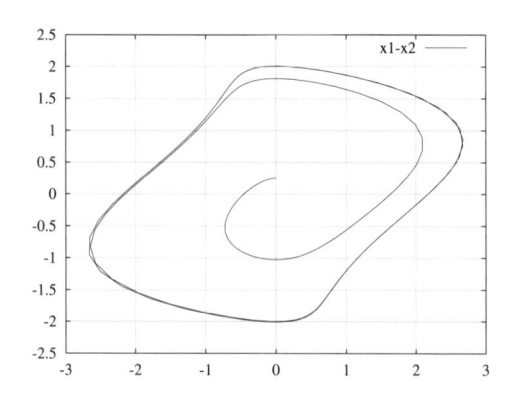

図 **21.2** Van der Pol 方程式の解の位相平面

## 21.2 連続時間システムのシミュレーション

図 21.3 に示すモータの位置制御について考える．モータの回転角を $y(t)$，モータの制御電圧を $u(t)$ とすると，モータの運動方程式は，

$$J\ddot{y}(t) + c\dot{y}(t) = au(t)$$

で与えられる．ただし，$J$ は負荷の慣性モーメント，$c$ は摩擦係数，$a$ は電圧トルク変換係数である．角度 $y$ と角速度 $\dot{y}$ を状態変数に，角度 $y$ を出力に選ぶと，モータの状態方程式と出力方程式は

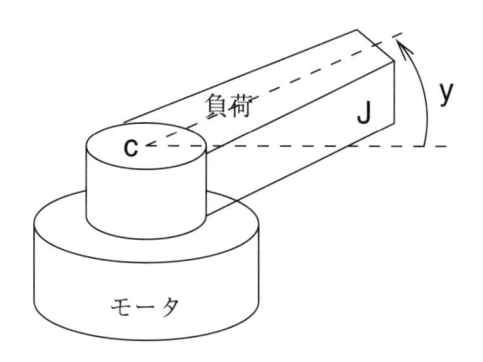

図 **21.3** モータの位置制御

$$\dot{x}(t) = \begin{bmatrix} 0 & 1 \\ 0 & -\dfrac{c}{J} \end{bmatrix} x(t) + \begin{bmatrix} 0 \\ \dfrac{a}{J} \end{bmatrix} u(t)$$

$$y(t) = \begin{bmatrix} 1 & 0 \end{bmatrix} x(t)$$

となる。ただし，$x = [x_1\ x_2]^T := [y\ \dot{y}]$ である。すべての状態 (角度と角速度) が測れるとし，モータを状態フィードバック

$$u(t) = Fx(t) + Gr(t), \quad F := [f_1\ f_2]$$

で制御することを考える [21]。ただし，$r$ は目標値，$F$ と $G$ は定数ゲインである。

## 21.2.1　シミュレーションを自動化する関数

この制御のシミュレーションを行うには，時刻 $t$，状態 $x$，入力 $u$ から状態の微分 $\dot{x}$ を返す関数

```
Func Matrix motor(t,x,u)
    Real t;
    Matrix x,u;
{
    Matrix dx;

    dx = [[0,  1 ]
          [0, -c/J]]*x + [0 a/J]'*u;
    return dx;
}
```

と時刻 $t$ と状態 $x$ から入力 $u$ を返す関数

```
Func Matrix input(t,x)
    Real t;
    Matrix x;
{
    Matrix u;

    u = F*x + G*r;
    return u;
}
```

を作る。ただし，慣性モーメントなどの定数やフィードバックゲインは別の場所で定義されている。10秒間のシミュレーションを 0.1 秒刻みで行うには，次のように `rngkut4()` または `rkf45()` を繰り返し呼び出せばよい。

## 21 制御系のシミュレーション

```
Func void main()
{
    Integer i, n;
    Real t0, t1, t, h;
    Matrix x0, x, T, X, U;

    x0 = [0 0]';                    // 初期状態
    t0 = 0.0;                       // 初期時刻
    t1 = 10.0;                      // 終端時刻
    h = 0.1;                        // 刻み
    n = Integer((t1 - t0)/h);       // ループ回数
    T = Z(1,n+1);                   // 時刻を保存する行列
    X = Z(2,n+1);                   // 状態を保存する行列
    U = Z(1,n+1);                   // 入力を保存する行列

    X(:,1) = x = x0;                // 初期状態を保存
    T(1) = t = t0;                  // 初期時刻を保存
    U(:,1) = input(t,x);            // 初期時刻の入力を保存
    for (i = 1; i <= n; i++) {
        X(:,i+1) = x = rngkut4(t, x, motor, input, h);
        T(i+1) = t = t + h;         // 次の時刻を保存
        U(:,i+1) = input(t,x);      // 次の時刻の入力を保存
    }
}
```

21.1 節の常微分方程式の場合と異なり，外部信号を生成する関数 input() を rngkut4() の4番目の引数に指定する．この関数 input() の返す値が関数 motor() の3番目の引数 u に渡される．変数 X には状態の時系列，変数 U には関数 input() が返す値 (この例では入力 u) の時系列，変数 T には時刻の系列が代入される．MATX には，この一連の作業を簡単に行う関数がある．4次の Runge-Kutta 法を用いる場合，関数 Ode() を

```
>> x0 = [0 0]';        // 初期状態
>> t0 = 0.0;           // 初期時刻
>> t1 = 10.0;          // 終端時刻
>> h = 0.1;            // 刻み
>> {T, X, U} = Ode(t0, t1, x0, motor, input, h);
```

のように用い，RKF45 法の場合，関数 Ode45() を

```
>> x0 = [0 0]';        // 初期状態
>> t0 = 0.0;           // 初期時刻
>> t1 = 10.0;          // 終端時刻
```

```
>> h = 0.1;           // 刻み
>> {T, X, U} = Ode45(t0, t1, x0, motor, input, h);
```

のように用いる．21.1 節の常微分方程式の場合と異なり，外部信号を生成する関数 input() を関数 Ode() や Ode45() の 5 番目の引数に指定する．この関数 input() の返す値が関数 motor() の 3 番目の引数 u にわたされる．

## 21.2.2　任意の時系列を保存する方法

　関数 Ode() や Ode45() が返す U は input() が返す値の時系列なので，出力 y の時系列も保存したいときは，関数 input() を

```
Func Matrix input_output(t,x)
    Real t;
    Matrix x;
{
    Matrix u,y,uy;

    u = F*x + G*r;      // 制御入力
    y = [1 0]*x;        // 出力
    uy = [[u][y]];      // 制御入力と出力の結合
    return uy;
}
```

のように，関数 motor() を

```
Func Matrix motor(t,x,uy)
    Real t;
    Matrix x,uy;
{
    Matrix dx,u;

    u = uy(1,:);        // 制御入力を取り出す
    dx = [[0,   1 ]
          [0, -c/J]]*x + [0 a/J]'*u;
    return dx;
}
```

のように変更し，

```
>> {T, X, UY} = Ode(t0, t1, x0, motor, input_output, h);
```

とすれば，UY に入力 u と出力 y の時系列を得ることができる．関数 input_output() の返す値が関数 motor() の 3 番目の引数 uy に渡されるので，変数 uy から制御入力 u を取り出す必要がある．

パラメータとフィードバックゲインを
$$J = c = a = 1, \quad F = [-2 \ -2], \quad G = [2]$$
目標値 $r = \pi/2$ としたとき, 得られた時系列を

&gt;&gt; *mgplot(1, T, X, {"x1", "x2"});*

でプロットした状態の時間応答を図 21.4 に,

&gt;&gt; *mgplot(2, T, U, {"u", "y"});*

でプロットした入力と出力の時間応答を図 21.5 に示す。$y$ が $\pi/2$ に収束するのがわかる。

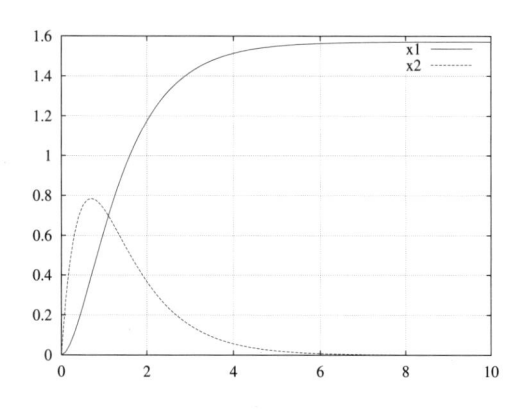

図 **21.4** モータのステップ応答 (状態)

## 21.2.3 微分方程式が 2 個以上の場合

前節まではシステムのすべての状態 (角度と角速度) が測れるとし, 状態フィードバック制御を考えてきた。ここでは角度 $y$ のみが測れるとし, (最小次元) 状態観測器 [21]

$$\begin{aligned}
\dot{z}(t) &= \hat{A}z(t) + \hat{B}y(t) + \hat{J}u(t) \\
\hat{x}(t) &= \hat{C}z(t) + \hat{D}y(t)
\end{aligned}$$

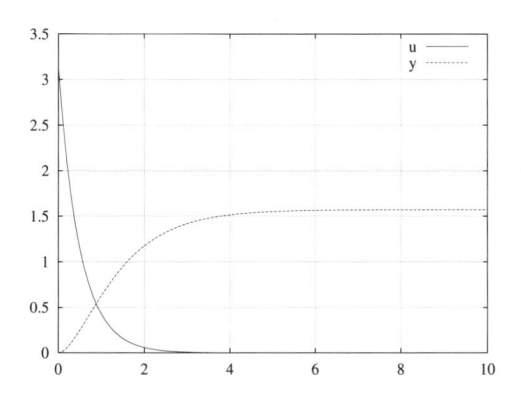

21.2 連続時間システムのシミュレーション

図 **21.5** モータのステップ応答 (入出力)

で状態を推定し，推定値$\hat{x}$を用いた状態フィードバック

$$u(t) = F\hat{x}(t) + Gr(t)$$

でモータを制御することを考える。ただし，$z$は状態観測器の状態であり，$\hat{A}, \hat{B}, \hat{J}, \hat{C}, \hat{D}$は状態観測器の係数行列である。

この制御のシミュレーションを行うには，2 個の微分方程式

$$\dot{x}(t) = \begin{bmatrix} 0 & 1 \\ 0 & -\frac{c}{J} \end{bmatrix} x(t) + \begin{bmatrix} 0 \\ \frac{a}{J} \end{bmatrix} u(t)$$

$$\dot{z}(t) = \hat{A}z(t) + \hat{B}y(t) + \hat{J}u(t)$$

を

$$\begin{aligned} y(t) &= [\,1\ \ 0\,]\,x(t) \\ \hat{x}(t) &= \hat{C}z(t) + \hat{D}y(t) \\ u(t) &= F\hat{x}(t) + Gr(t) \end{aligned}$$

を考慮して同時に解く必要がある。まず，時刻$t$，モータの状態$x$と観測器の状態$z$，入力$u$からモータの状態の微分$\dot{x}$と観測器の状態の微分$\dot{z}$を結合したベクトルを返す関数

```
Func Matrix diff_eqs(t,xx,u)
    Real t;
    Matrix xx,u;
```

## 21 制御系のシミュレーション

```
{
    Matrix dxx,dx,dz,x,z,y;

    x = xx(1:2,1);              // モータの状態
    z = xx(3:3,1);              // 観測器の状態
    dx = [[0,    1 ]
          [0, -c/J]]*x + [0 a/J]'*u;  // モータの状態方程式
    y = [1 0]*x;                // モータの出力方程式
    dz = Ah*z + Bh*y + Jh*u;    // 観測器の状態方程式
    dxx = [[dx][dz]];           // 状態の微分の結合
    return dxx;
}
```

と時刻 $t$, モータの状態 $x$ と観測器の状態 $z$ から入力 $u$ を返す関数

```
Func Matrix link_eqs(t,xx)
    Real t;
    Matrix xx;
{
    Matrix x,z,y,u,xh;

    x = xx(1:2,1);       // モータの状態
    z = xx(3:3,1);       // 観測器の状態
    y = [1 0]*x;         // モータの出力
    xh = Ch*z + Dh*y;    // 状態の推定値
    u = F*xh + G*r;      // 制御入力
    return u;
}
```

を作る．関数 diff_eqs() と link_eqs() の 2 番目の引数 xx にはモータの状態と観測器の状態を結合したベクトルが渡されるので，それぞれの状態を取り出す必要がある．

10 秒間のシミュレーションを 0.1 秒刻みで行うには，4 次の Runge-Kutta 法を用いる場合，関数 Ode() を

```
>> x0 = [0 0];         // モータの初期状態
>> z0 = [1];           // 観測器の初期状態
>> t0 = 0.0;           // 初期時刻
>> t1 = 10.0;          // 終端時刻
>> h = 0.1;            // 刻み
>> {T, X, U} = Ode(t0, t1, [x0 z0]', diff_eqs, link_eqs, h);
```

のように用い，RKF45 法の場合，関数 Ode45() を

## 21.2 連続時間システムのシミュレーション

```
>> x0 = [0 0];       // モータの初期状態
>> z0 = [1];         // 観測器の初期状態
>> t0 = 0.0;         // 初期時刻
>> t1 = 10.0;        // 終端時刻
>> h = 0.1;          // 刻み
>> {T, X, U} = Ode45(t0, t1, [x0 z0]', diff_eqs, link_eqs, h);
```

のように用いる。初期状態には x0 と z0 を結合したものを与える。関数 Ode() や Ode45() の 4 番目の引数は，モータと観測器の状態を結合したものの微分を計算するので，微分方程式系を記述する関数という意味で diff_eqs() という名前を用いる。また，関数 Ode() や Ode45() の 5 番目の引数は，モータの出力を制御器 (観測器+状態フィードバック) にリンクするので，リンク系を記述する関数という意味で link_eqs() という名前を用いる。

変数 X にはモータの状態 $x$ と観測器の状態 $z$ の時系列，変数 U には関数 link_eqs() が返す値 (この例では入力 u) の時系列，変数 T には時刻の系列が代入される。関数 diff_eqs() を

```
Func Matrix diff_eqs(t,xx,uy)
    Real t;
    Matrix xx,uy;
{
    Matrix dxx,dx,dz,x,z,y,u;

    u = uy(1:1,:);                        // 制御入力
    x = xx(1:2,1);                        // モータの状態
    z = xx(3:3,1);                        // 観測器の状態
    dx = [[0,    1 ]
          [0, -c/J]]*x + [0 a/J]'*u;      // モータの状態方程式
    y = [1 0]*x;                          // モータの出力方程式
    dz = Ah*z + Bh*y + Jh*u;              // 観測の状態方程式
    dxx = [[dx][dz]];                     // 状態の微分の結合
    return dxx;
}
```

のように, 関数 link_eqs() を

```
Func Matrix link_eqs(t,xx)
    Real t;
    Matrix xx;
{
    Matrix x,z,y,u,xh,uy;
```

```
        x = xx(1:2,1);         // モータの状態
        z = xx(3:3,1);         // 観測器の状態
        y = [1 0]*x;           // 出力方程式
        xh = Ch*z + Dh*y;      // 状態の推定値
        u = F*xh + G*r;        // 制御入力
        uy = [[u][xh]];        // 制御入力と観測器の状態の結合
        retur uy;
    }
```

のように変更し，

>> x0 = [0 0];       // モータの初期状態
>> z0 = [1];         // 観測器の初期状態
>> t0 = 0.0;         // 初期時刻
>> t1 = 10.0;        // 終端時刻
>> h = 0.1;          // 刻み
>> {T, X, UY} = Ode(t0, t1, [x0 z0]', diff_eqs, link_eqs, h);

とすれば，UY に入力 u と状態の推定値 xh の時系列を得ることができる．パラメータとフィードバックゲインを

$$J = c = a = 1, \quad F = [-2 \ -2], \quad G = [2]$$

のように，観測器の係数行列を

$$\hat{A} = -3, \quad \hat{B} = -6, \quad \hat{J} = 1, \quad \hat{C} = \begin{bmatrix} 0 \\ 1 \end{bmatrix}, \quad \hat{D} = \begin{bmatrix} 1 \\ 2 \end{bmatrix}$$

のように，目標値を $r = \pi/2$ としたとき，得られた時系列を

>> mgplot(1, T, X(1:2,:), {"x1", "x2"});
>> mgreplot(1, T, UY(2:3,:), {"xh1", "xh2"});

でプロットしたモータの状態と状態の推定値の時間応答を図 21.6 に示す．角速度の推定値 xh2 が 2 秒付近で真値 x2 に一致し，$y = x_1$ が $\pi/2$ に収束する．

### 21.2.4 許容誤差を指定する方法

常微分方程式を数値解法で解くとき，刻み幅を少し変えるだけでまったく異なった応答を示す場合があるので十分に注意して刻み h を選定しなければならない．刻み幅を小さくすると計算量が増え，シミュレーション時間が長くなるので，刻み

## 21.2 連続時間システムのシミュレーション

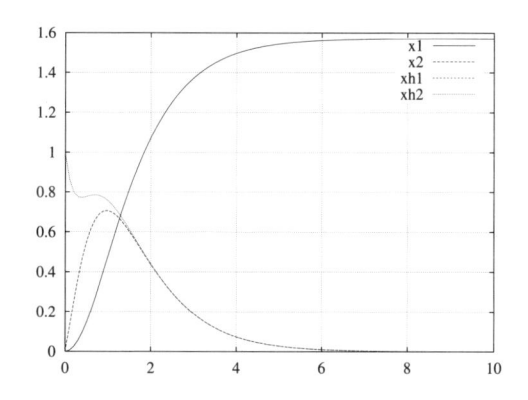

**図 21.6** モータのステップ応答 (状態と状態の推定値)

幅をできるだけ大きくしたいが，刻み幅を大きくすると打ち切り誤差が大きくなり正しい結果が得られない危険性がある．しかし，応答がゆっくり変化しているときは刻み幅を大きくしても誤差は小さいので [23]，急激に変化するときだけ刻み幅を小さくすればよい．そこで，応答の緩急に応じて刻み幅を調節すれば誤差を小さく押さえたまま，計算量を減らすことができる．M$_A$TX には，この作業を自動的に行う関数がある．4 次の Runge-Kutta 法を用いる OdeAuto() と RKF45 法を用いる Ode45Auto() である．2 つの関数が用いる刻み幅を調節するアルゴリズムは異なり，Ode45Auto() の方がかなり効率的である[注5]．

前節と同じシミュレーションを関数 Ode45Auto() を使って行うには，次のように記述する．

```
>> x0 = [0 0];        // モータの初期状態
>> z0 = [1];          // 観測器の初期状態
>> t0 = 0.0;          // 初期時刻
>> t1 = 10.0;         // 終端時刻
>> eps = 1.0E-5;      // 許容誤差
>> {T, X, UY} = Ode45Auto(t0, t1, [x0 z0]', diff_eqs, link_eqs, eps);
```

ただし，eps は許容誤差であり，誤差が eps 以下になるよう刻み幅が自動調節さ

---

[注5] OdeAuto() は機能と関数の対応関係をわかりやすくするために存在し，実際に使用されることは稀である．

れる．関数 Ode() の打ち切り誤差は $h^5$ のオーダーなので [23]，前節と同程度の精度の結果を得るには eps = 1.0E-5 と選ぶ．

パラメータ，フィードバックゲイン，目標値を前節と同じ値にして，得られた時系列を

>> mgplot(1, T, X(1:2,:), {"x1", "x2"});
>> mgreplot(1, T, UY(2:3,:), {"xh1", "xh2"});

でプロットしたモータの状態と状態の推定値の時間応答を図 21.7 に示す．図 21.6 と

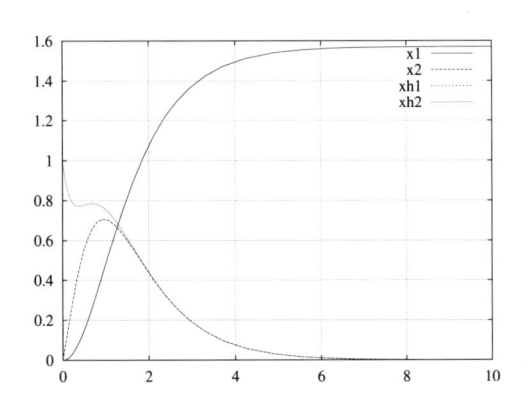

図 **21.7**  モータのステップ応答 (自動刻み調節)

ほぼ同じ結果が得られる．関数 Ode() は 100 点の時刻の時系列を返すが，関数 Ode45Auto() は刻み幅を調節し 30 点のデータを返す．また，関数 Ode45Auto() は関数 Ode() の半分の時間で計算を完了する[注6]．

## 21.3 ハイブリッドシステムのシミュレーション

連続時間系の制御対象をディジタル補償器で制御するディジタル制御のシミュレーションの方法について述べる．このような制御をする場合，しばしば 0 次ホールドとサンプラが用いられ，図 21.8 に示すようなハイブリッドシステムが構成さ

---

[注6] 得られるデータの個数や計算時間はシミュレーションの条件に依存する．

## 21.3 ハイブリッドシステムのシミュレーション

れる [25]。サンプリング時間が $T$ であるハイブリッドシステムのシミュレーショ

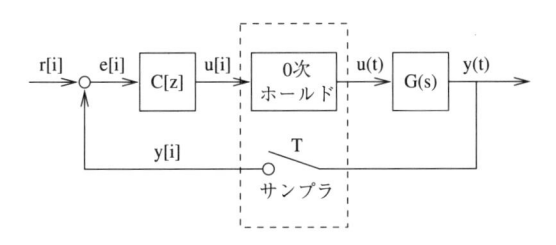

図 21.8 連続時間系の制御対象+ディジタル補償器

ンを行うには，あるサンプル点 $(t = kT)$ での各信号の値 ($x(kT)$, $y(kT)$ など) を初期値と考え，微分方程式 (連続時間系の状態方程式) を Runge-Kutta 法などで解き，次のサンプル点の値 ($x((k+1)T)$, $y((k+1)T)$) を求める手順を繰り返せばよい。このとき，サンプル点間で

$$u(t) = u(kT), \quad (kT \leq t < (k+1)T)$$

のように一定に保たれる信号があることに注意しなければならない。

ここでは，前節で述べたモータを状態観測器を離散化して得られる離散時間補償器

$$\begin{aligned}
z[i+1] &= \hat{A}_d\, z[i] + \hat{B}_d\, y[i] + \hat{J}_d\, u[i] \\
\hat{x}[i] &= \hat{C}_d\, z[i] + \hat{D}_d\, y[i] \\
u[i] &= F\, \hat{x}[i] + G\, r[i]
\end{aligned}$$

でディジタル制御するシミュレーションについて考える。まず，微分方程式系を記述する関数 diff_eqs() を準備する。離散時間補償器 (観測器) は差分方程式で記述されるので，モータの状態の微分のみを返す関数

```
Func Matrix diff_eqs(t,x,u)
    Real t;
    Matrix x,u;
{
    Matrix dx;

    dx = [[0,  1 ]
          [0, -c/J]]*x + [0 a/J]'*u;   // モータの状態方程式
    return dx;
}
```

を記述する．次に，リンク系を記述する関数 link_eqs() にサンプル点ごとに行うべき計算を記述する．サンプル点ごとに行うべきことは，制御入力の計算と状態観測器の状態の更新 (差分方程式の計算) なので，

```
Func Matrix link_eqs(t,x)
    Real t;
    Matrix x;
{
    Matrix y,u,xh;

    y = [1 0]*x;               // モータの出力
    xh = Chd*z + Dhd*y;        // 状態の推定値
    u = F*xh + G*r;            // 制御入力
    z = Ahd*z + Bhd*y + Jhd*u; // 観測器の状態を更新
    return u;
}
```

のように link_eqs() を作る．ただし，観測器の状態 z は大域変数として宣言されている．この関数が返す u が diff_eqs() の 3 番目の引数 u にわたされる．関数 link_eqs() に記述する式の順番は重要である．基本的には計算できる式から順に記述すればよいが，この例の観測器の状態を更新する式のように，他の式より後に記述しなければならないものもあるので注意が必要である．

サンプリング時間を 0.5 秒とし，10 秒間のシミュレーションを 0.1 秒刻みで行うには，4 次の Runge-Kutta 法を用いる場合，関数 OdeHybrid() を

```
>> x0 = [0 0]';        // モータの初期状態
>> z = [1];            // 観測器の初期状態
>> t0 = 0.0;           // 初期時刻
>> t1 = 10.0;          // 終端時刻
>> h = 0.1;            // 刻み
>> dt = 0.5;           // サンプリング時間
>> {T, X, UY} = OdeHybrid(t0, t1, dt, x0, diff_eqs, link_eqs, h);
```

のように用い，RKF45 法の場合，関数 Ode45Hybrid() を

```
>> x0 = [0 0]';        // モータの初期状態
>> z = [1];            // 観測器の初期状態
>> t0 = 0.0;           // 初期時刻
>> t1 = 10.0;          // 終端時刻
>> h = 0.1;            // 刻み
```

```
>> dt = 0.5;        // サンプリング時間
>> {T, X, UY} = Ode45Hybrid(t0, t1, dt, x0, diff_eqs, link_eqs, h);
```
のように用いる.連続時関係のシミュレーションと異なり,関数 `OdeHybrid()` や
`Ode45Hybrid()` の 3 番目の引数にサンプリング時間 dt を指定する.

パラメータとフィードバックゲインを
$$J = c = a = 1, \quad F = [-2 \; -2], \quad G = [2]$$
のように,(離散時間) 観測器の係数行列を
$$\hat{A} = 0.223, \quad \hat{B} = -1.554, \quad \hat{J} = 0.259, \quad \hat{C} = \begin{bmatrix} 0 \\ 1 \end{bmatrix}, \quad \hat{D} = \begin{bmatrix} 1 \\ 2 \end{bmatrix}$$
のように,目標値を $r = \pi/2$ としたとき,得られた状態の時系列を
  $mgplot(1, T, X, \{"x1", "x2"\});$
でプロットした状態の時間応答を図 21.9 に示す.連続時間制御の場合のステップ

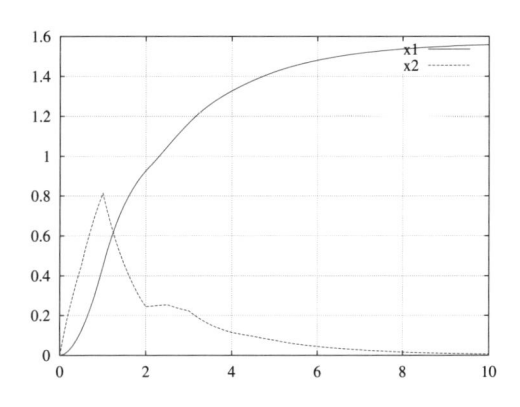

**図 21.9** モータのステップ応答 (ディジタル制御)

応答 (図 21.6) と比べ,$y$ が $\pi/2$ に収束するのに時間がかかり,性能が劣化する.
得られた制御入力の時系列を
  $mgplot(2, T, U, \{"u"\});$
でプロットした時間応答を図 21.10 に示す.入力がサンプル点ごとに変り,サンプル点間で一定に保たれる.

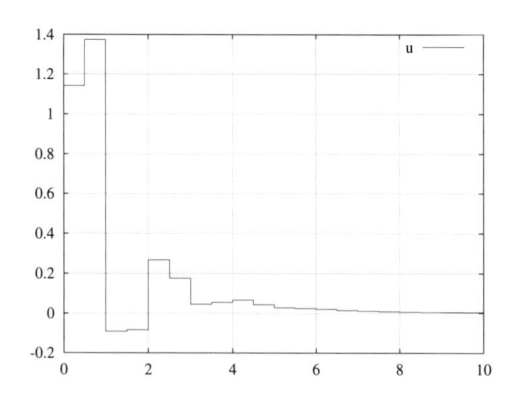

図 **21.10** モータのディジタル制御の入力

## 21.3.1　許容誤差を指定する方法

　許容誤差を指定してハイブリッドシステムのシミュレーションを行うには，関数 OdeHybridAuto() や Ode45HybridAuto() を用いる．刻み幅を調節する方法は連続時間系のシミュレーションを行う関数 OdeAuto() や Ode45Auto() と同じである．

　前節と同じシミュレーションを関数 Ode45Auto() を使って行うには，次のように記述する．

```
>> x0 = [0 0]';        // モータの初期状態
>> z = [1];            // 観測器の初期状態
>> t0 = 0.0;           // 初期時刻
>> t1 = 10.0;          // 終端時刻
>> dt = 0.5;           // サンプリング時間
>> eps = 1.0E-5;       // 許容誤差
>> {T, X, UY} = Ode45HybridAuto(t0, t1, dt, x0, diff_eqs, link_eqs, eps);
```

ただし，eps は許容誤差であり，誤差が eps 以下になるよう刻み幅が自動調節される．関数 OdeHybrid() の打ち切り誤差は $h^5$ のオーダーなので [23]，前節と同程度の精度の結果を得るには eps = 1.0E-5 と選ぶ．

　パラメータ，フィードバックゲイン，目標値を前節と同じ値にして，得られた時系列を

## 21.3 ハイブリッドシステムのシミュレーション

```
>> mgplot(1, T, X, {"x1", "x2"});
```

でプロットした状態の時間応答を図 21.11 に示す。図 21.9 とほぼ同じ結果が得ら

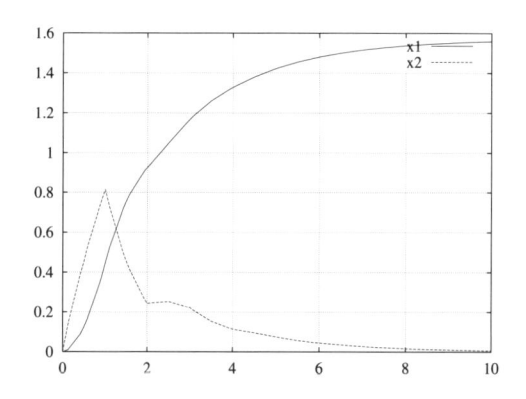

図 **21.11** モータのディジタル制御 (自動刻み調節)

れる。関数 `Ode45HybridAuto()` は刻み幅を調節し，関数 `OdeHybrid()` の約半分のデータを返す。また，関数 `Ode45HybridAuto()` は関数 `OdeHybrid()` より 50%速く計算を完了する[注7]。

---

[注7] 得られるデータの個数や計算時間はシミュレーションの条件に依存する。

# 参考文献

[1] K. J. Astrom. Computer aided modeling, analysis and design of control systems – a perspective. *Control Systems Magazine*, pp. 4–16, 1983.

[2] J.J. Dongarra, C.B. Moler, J.R. Bunch, and G.W. Stewart. *LINPACK — Users' Guide*. SIAM, Philadelphia, 1979.

[3] B.S. Garbow, J.M. Boyle, J.J. Dongarra, and C.B. Moler. *Matrix Eigensystem Routines – EISPACK Guide Extension*. Springer-Verlag, 1977.

[4] Gene H. Golub and Charles F. Van Loan. *Matrix Computations*. The Johns Hopkins University Press, 1989.

[5] Brian W. Kernighan and Dennis M. Ritchie. *The C Programming Language(ANSI C)*. Prentice-Hall, second edition, 1988.

[6] 古賀雅伸, 内山温子「行列方程式 exp(X) - A = O の一般解について」第26回制御理論シンポジウム, pp. 385–390, 1997.

[7] Masanobu Koga and Katsuhisa Furuta. Programming language MaTX for scientific and engineering computation. In Derek A. Linkens, editor, *CAD for Control Systems*, chapter 12, pp. 287–317. Marcel Dekker, Inc., July 1993.

[8] Cleve Moler. *MATLAB – User's Guide*. Alberquerque, USA, 1980.

[9] William H. Press, Brian P. Flannery, Saul A. Teukolsky, and William T. Veterling. *Numerical Recipes in C (The Art of Scientific Computing)*. Cambridge University Press, 1988.

[10] B.T. Smith, J.M. Boyle, J.J. Dongarra, B.S. Garbow, Y. Ikebe, V.C. Klema, and C.B. Moler. *Matrix Eigensystem Routines – EISPACK Guide*. Springer-Verlag, 1976.

[11] G.W. Stewart. *Introduction To Matrix Computations*. Academic Press, 1973.

[12] Inc. The Math Works. *MATLAB User's Guide*. The Math Works, Inc., 24 Prime Park Way, Natick, Mass. 01760-1500, USA, 1992.

[13] Robert Walker, Charles Gregory Jr., and Sunil Shah. MATRIXx: A data analysis, system identification, control design and simulation package. *Control Systems Magazine*, pp. 30–37, 1982.

[14] 近藤嘉雪『yaccによるCコンパイラプログラミング』ソフトバンク, 1990.

[15] 古賀雅伸「制御系のシミュレーション環境とリアルタイム制御環境の融合」電気学会論文誌 C, Vol. 118, No. 4, pp. 551–557, 1998.

[16] 古賀雅伸, 古田勝久「数値処理と数式処理を融合した制御系 CAD 言語 MaTX」計測自動制御学会論文集, Vol. 29, No. 10, pp. 1192–1198, 1993.

[17] 石田 晴久監訳『プログラミング言語 C』共立出版, 1981.

[18] 石田 晴久監訳『UNIX プログラミング環境』アスキー出版局, 1985.

[19] 石田 晴久監訳『プログラミング言語 C 第 2 版』共立出版, 1989.

[20] 古田勝久『基礎システム理論: Introduction to Linear System Theory』コロナ社, 1978.

参考文献

[21] 古田勝久, 佐野昭 『基礎システム理論』 コロナ社, 1978.

[22] 丹慶勝市, 奥村晴彦, 佐藤俊朗, 小林誠 『ニューメリカルレシピ・イン・シー』 技術評論社, 1993.

[23] 竹本宣弘, 荒実 『Cによる数値計算』 朝倉書店, 1987.

[24] 片山徹 『フィードバック制御の基礎』 朝倉書店, 1987.

[25] 美多勉, 原辰次, 近藤良 『基礎ディジタル制御』 コロナ社, 1988.

# 付録 A

# Matlab ユーザのための M<sub>A</sub>TX 入門

　商用の計算ソフトウェアである Matlab [8], [12] と M<sub>A</sub>TX は多くの共通点をもっている。Matlab を使用した経験のあるユーザが，M<sub>A</sub>TX に慣れることができるよう，M<sub>A</sub>TX と Matlab の表現や構文の相違について述べ，等価な表現をまとめた表を示す。

## A.1　行の継続

　Matlab の関数では，単一行に文が入りきらないとき，3 個の連続するピリオドにより，行が続くことを明示する。M<sub>A</sub>TX では，丸括弧，ブラケット，大括弧が閉じてないときや，2 項演算子などを含む式が終わっていないときは，M<sub>A</sub>TX が表現の継続を仮定するので，継続記号なしに文を分割できる。

| Matlab | M<sub>A</sub>TX |
|---|---|
| a = 3 + 4 + ...<br>5 + 6 + 7; | a = 3 + 4 +<br>5 + 6 + 7; |
| eig(A+B,...<br>C+D) | eig(A+B,<br>C+D) |

## A.2 コメント

単一行コメント記号は，Matlab では % であるが，MATX では // を用いる。Matlab とは違い，MATX は C 言語と同じブロックコメントをサポートする。これは，初めに /*，終わりに */ を置いて記述する。

| Matlab | MATX |
|---|---|
| # これはコメントです | // これはコメントです |
| # 長いコメントを書く<br># には，1行ごとにコ<br># メント記号が必要が<br># あります。 | /* これはブロックコメント<br>　　記号内のすべての文字は<br>　　コメントとして解釈される<br>*/ |

## A.3 転置演算子

Matlab では，転置演算子 ' が複素行列に使われると，複素共役転置を意味する。MATX では，転置演算子 ' は，通常の転置を行い，複素値には影響を与えない。MATX の複素共役転置演算子は # である。実行列については，2つの演算子は同一の演算を行う。

## A.4 特殊変数と基本的な関数

Matlab では，純虚数は i または j であるが，MATX では，ユーザに変数名の自由度を与えるため，純虚数を特定の変数に設定していない。必要に応じて，i = (0,1) のように定義する。

その他の特殊変数と基本的な関数について，Matlab と MATX で名前の異なるものを次の表に示す。

| Matlab | MATX | Matlab | MATX |
|---|---|---|---|
| eps | EPS | zeros | Z |
| inf | Inf | finite | isfinite |
| nargin | narg | angle | arg |
| pi | PI | imag | Im |
| eye | I | real | Re |
| ones | ONE | sign | sgn |

## A.5 論理演算

Matlab では，論理否定を表す演算子はチルド ~ である。一方，M$_A$TX では，C 言語の論理否定の記号と同じ感嘆付 ! を用いる。Matlab では，不等関係を表すのに ~= を使うが，M$_A$TX では，C 言語の不等関係の記号と同じ != を用いる。

| Matlab | M$_A$TX |
|---|---|
| if ~(A > 0)<br>    A = -A;<br>end | if ( ! (A > 0) ) {<br>    A = -A;<br>} |
| A ~= B | A != B |

Matlab では，論理積には & を，論理和には | を用いる。M$_A$TX では，C 言語の論理演算と同じ記号を用い，論理積には && を，論理和には || を使用する。

## A.6 制御フロー

M$_A$TX の制御フローは，C 言語の制御フローと同じである。ただし，実行文が 1 行しかなくても，ブロックの始まりと終りを表す大括弧 { と } を省略できない。条件分岐の場合を次に示す。

```
// Matlab              // MaTX
if expr1               if (expr1) {
  statements;              statements;
elseif expr2           } else if (expr2) {
  statements;              statements;
else                   } else {
  statements;              statements;
end                    }
```

for ループの場合を次に示す。

```
// Matlab              // MaTX
for i = 1:10           for (i = 1; i <= 10; i++) {
  statements;              statements;
end                    }
```

while ループの場合を次に示す。

```
// Matlab              // MaTX
while expr             while (expr) {
  statements;              statements;
end                    }
```

switch 文の場合を次に示す。Matlab では，switch の expr にマッチした1個の case のみが実行されるが，M_ATX では，マッチした case 以降のすべての文が実行されるので，その case だけを実行するには break 文を使う必要がある。また，どの case もマッチしなかった場合，Matlab では，otherwise の場合が実行され，M_ATX では，default の場合が実行される。

```
// Matlab              // MaTX
switch expr            switch (expr) {
  case expr1             case expr1:
    statements;            statements; break;
  case expr2             case expr2:
    statements;            statements; break;
  otherwise            default:
    statements;            statements; break;
end                    }
```

## A.7 行列の入力

Matlab では，行列成分は空白文字 (スペース，タブ) またはコンマのいずれかによって区切られる。空白文字だけによって分けられた行列成分を指定すると，[1 -1] は，2個の成分をもつベクトルを表現するのか，単一の成分をもつベクトルを表現するのかはっきりしない。M_ATX の行列定義中では，式は最も長くなるよう解釈される。もちろん，すべての成分をコンマによって分けるのもよい方法である。

| Matlab | M_ATX |
|---|---|
| A = [1 -1 2] | A = [1, -1 2] |

Matlab では，ベクトルも行列も一対のブラケット [ と ] で囲む。そして，行列を入力するには，行ベクトルをセミコロンあるいは改行で分ける。M_ATX では，ベクトルは一対のブラケット [ と ] で囲む。そして，行列は行ベクトルの集りとして入力する。これにより，行列を自然な表現で入力できる。3×3の行列を入力する例を次に示す。

```
// Matlab              // MaTX
A = [1 2 3             A = [[1 2 3]
     4 5 6                  [4 5 6]
     7 8 9];                [7 8 9]];
```

$1 \times 9$ の長いベクトルを入力する例を次に示す.

```
// Matlab          // MaTX
A = [1 2 3...      A = [1 2 3
     4 5 6...           4 5 6
     7 8 9];            7 8 9];
```

## A.8　行列とスカラ

Matlab では, $1 \times 1$ の行列はスカラとみなされ演算が行われるので, プログラム中に見つかりにくい問題が混入する可能性がある. MaTX では, $1 \times 1$ の行列は行列として演算が行われるので, プログラムの誤りが発見されやすい. $3 \times 3$ の行列 c に, $1 \times 3$ のベクトル a と $3 \times 1$ のベクトル b を乗ずる例を次に示す.

```
// Matlab          // MaTX
a = [1 2 3];       a = [1 2 3];
b = [4 5 6]';      b = [4 5 6]';
c = [1 2 3         c = [[1 2 3]
     4 5 6              [4 5 6]
     7 8 9];            [7 8 9]];
d = a * c * b;     d = a * c * b;
```

最後の式の a と c の順番を間違えて入力した場合

```
// Matlab          // MaTX
d = a * b * c;     d = a * b * c;
```

について考える. Matlab では, a * b は $1 \times 1$ となり, スカラとみなされるので c との積ができてしまう. MaTX では, $1 \times 1$ の行列はスカラとみなされないので, c との積を実行しようすると, エラーが報告される. このような演算を実行したい場合,

```
d = [a*b](1) * c;
```

のように $1 \times 1$ 行列から $(1,1)$ 成分を取り出す.

## A.9　文字列

文字列を入力するとき, 転置演算子との混乱を避けるため, MaTX は単一引用符の代わりに二重引用符を使用する. Matlab では, 文字列は ASCII コードのベ

クトルとして表現される．MATX には文字列の型が存在し，演算子+による結合などの柔軟な操作が可能である．

| Matlab | MATX |
|---|---|
| str = 'Hello world' | str = "Hello world" |
| ['Hello ' 'world'] | "Hello " + "world" |

## A.10　多項式と有理多項式

Matlab では，多項式は係数のベクトルとして表現される．MATX には多項式の型が存在し，四則演算などの柔軟な操作が可能である．

| Matlab | MATX |
|---|---|
| p = [1 2 1] | s = Polynomial("s")<br>p = s^2 + 2*s + 1 |
| q = [1 1]<br>q2 = [q 0]<br>r = p + q2 | q = s + 1<br>r = p + q |
| pq = conv(p,q) | pq = p*q |

Matlab では，有理多項式は分子多項式と分母多項式の 2 本の係数のベクトルとして表現される．MATX には有理多項式の型が存在し，四則演算などの柔軟な操作が可能である．

| Matlab | MATX |
|---|---|
| p = [1 2 1]<br>q = [1 1]<br>対応する機能なし | s = Polynomial("s")<br>p = s^2 + 2*s + 1<br>q = s + 1<br>r = p/q |

## A.11　ユーザ定義関数

Matlab では，1 つの関数ごとに 1 つのファイルを作成する[注1]．MATX では，1 つのファイルに複数の関数を記述できる．MATX は型を区別する言語なので，関数内で使用するすべての変数を宣言しなければならない[注2]．ベクトルの成分の平均値を求める関数を次に示す．

---

[注1] ただし，ver.5 から副関数も定義できる
[注2] インタプリタのコマンドラインで使用する変数は宣言しなくてもよい．

## A.11 ユーザ定義関数

```
// Matlab


function y = mean(x)
%
n = length(x);
y = sum(x)/n;
```

```
// MaTX
Func Real mean(x)
  Matrix x;
{
   Integer n;

   n = length(x);
   return sum(x)/n;
}
```

複数個の値を返す関数の例を次に示す。この関数は，ベクトルの成分の平均値と標準偏差を求める。

```
// Matlab




function [mean,stdev] = stat(x)
%
n = length(x);
mean = sum(x)/n;
cov = sum((x - mean).^2)/n;
stdev = sqrt(cov);
```

```
// MaTX
Func List stat(x)
  Matrix x;
{
   Integer n;
   Real mean,cov,stdev;

   n = length(x);
   mean = sum(x)/n;
   cov = sum((x .- mean).^2)/n;
   stdev = sqrt(cov);
   return {mean,stdev};
}
```

これらの関数の呼び出しは，次のようになる。

```
// Matlab
x = [1 2 3 4 5];
[mean,stdev] = stat(x);
```

```
// MaTX
x = [1 2 3 4 5];
{mean,stdev} = stat(x);
```

可変個の引数をもつ関数の例を次に示す。この関数は，すべての引数の合計を求める。

```
// Matlab




function y = sum(x1,x2,x3)
%
if nargin < 3, x3 = 0; end
if nargin < 2, x2 = 0; end
if nargin < 1, x1 = 0; end
y = x1 + x2 + x3;
```

```
// MaTX
Func Matrix sum(x1,x2,x3,...)
  Matrix x1,x2,x3;
{
   Matrix y;

   if (nargs < 3) { x3 = 0; }
   if (nargs < 2) { x2 = 0; }
   if (nargs < 1) { x1 = 0; }
   y = x1 + x2 + x3;
   return y;
}
```

## A.12 データの表示と入力／編集

Matlabでは，式の後にセミコロンを付けないとデータが表示される．MATXでは，インタプリタのコマンドラインでは，式の後にセミコロンを付けないとデータが表示される．ただし，複数のデータを表示する場合や関数内ではコマンドprintを使ってデータを表示する．

| Matlab | MATX | 実行環境 |
|---|---|---|
| a | a | (コマンドライン) |
| a,b,c | print a,b,c | (関数内) |

Matlabでは，キーボードからデータを入力するとき，関数inputを使う．MATXでは，キーボードからデータを入力するとき，コマンドreadを使う．

| Matlab | MATX |
|---|---|
| a = input('a = ') | read a |

Matlabでは，データを編集するには，データを画面に表示した後，データを入力し直す．MATXでは，データを編集するには，コマンドreadを使う．行列を編集する場合，MATXでは，行列エディタが起動される．

| Matlab | MATX |
|---|---|
| a, a = input('a = ') | read a |

## A.13 データの保存と読み込み

Matlabのコマンドsaveは，データをバイナリフォーマットあるいはASCIIフォーマットでファイルに保存する．コマンドloadは，ファイルに保存されたデータを読み込む．これらのコマンドに対応するMATXのコマンドは，printとreadである．

| Matlab | MATX |
|---|---|
| save 'file' v1 v2 v3 | print v1,v2,v3 -> "file" |
| load 'file' a b c | read a,b,c <- "file" |
| load 'file' | read <- "file" |

MATXでは，コマンドsaveを使うと，データはMM-ファイルの形式で保存される．この形式で保存されたデータは，コマンドloadで読み込むことができる．

# 付録 B

# 最新情報

インターネットに接続できるなら，最新情報を $M_AT_X$ のホームページ

```
http://www.matx.org/
```

から入手できる[注1]。また，情報交換の場として，メーリングリストが運営されている。アドレスは，

```
matx@matx.org
```

である。参加希望者は，次のアドレスまで電子メールで連絡する。

```
matx-request@matx.org
```

また，関連する資料を以下のアドレスから匿名 ftp で入手できる。

```
ftp://ftp.matx.org/pub/MaTX/doc
```

---

[注1] 最新版もここから入手できる。

# 付録 C

# ユーザ登録

　ユーザ数を把握するためユーザ登録を行うことが望ましい。次の URL から簡単にユーザ登録できる。メーリングリストへの参加申し込みもこのページからできる。

　　`http://www.matx.org/touroku.html`

上記ページに接続できない場合，パッケージに含まれるファイル touroku (ユーザ登録書) に必要事項を記入の上、電子メールで下記アドレスまで送る。

　　`matx-request@matx.org`

# 付録 D

# ライセンス

　パッケージに含まれるファイルのうち MaTX-util に含まれるファイルおよび DJGPP のファイル (Windows 版の場合) を除くものを $\text{M}_{\text{A}}\text{TX}$ 本体という。$\text{M}_{\text{A}}\text{TX}$ 本体は，著作権を放棄していないいわゆる「フリーソフトウェア」である。以下の規定に従って使用すること。MaTX-util に含まれるファイルおよび DJGPP のファイル (Windows 版の場合) については，それぞれのライセンスに従って使用すること。

「ソフトウェア使用許諾規定」

1. **著作権**

　　$\text{M}_{\text{A}}\text{TX}$ 本体の著作権を有する著作者は，古賀雅伸である。著作権表示およびバージョン番号の改変を禁じる。

2. **使用**

　　本パッケージの公衆への使用に際しては著作者名を表示する。また，本項は改変，組み込みされたものに関しても同様とする。

3. **配布**

　　配布の際，手数料と認められる額を超える金銭の授受を禁じる。本パッケージを組み込んだソフトウェアの営利目的の配布を禁じる。

付録D　ライセンス

4．保証
　　著作者は，本パッケージの使用に関連して発生するいかなる損害について責任を負わない。また，プログラムに不備があっても，それを訂正する義務を負わない。

この「ソフトウェア使用許諾規定」は，パッケージを入手した者に対して適用される。

# 索　引

!
——OS のコマンド実行, 192
——配列の論理演算, 61
——履歴機能, 41
——論理演算子, 118
!=, 60, 118, 199, 224, 225, 230, 232, 235
", 47
#, 56, 59, 81, 251
#define, 240
#else, 239
#endif, 239
#if, 239
#ifdef, 239
#ifndef, 239
#include, 239
%s, 201
&&, 61, 118
', 55, 59, 81, 84
(0|1) 配列, 70, 76, 118, 198
*
——数値行列, 54
——スカラ, 49
——配列, 58
*/, 128
+, 47, 49, 53, 57, 195, 230
-, 49, 53, 57, 135, 138
--, 138
->, 172
-c, 141
-checkarg, 138, 181
-checkblock, 138, 141
-checkpoly, 138, 141
-D, 138, 141, 237
-e, 137, 138, 238
-help, 138, 141
-MM, 138, 141, 143, 144, 171, 185
-mm, 141

-Nc, 141
-nocpp, 138, 141, 237
-nofep, 138
-nohist, 41, 138
-nomm, 140, 141
-Np, 138, 141
-o, 141
-static, 141
-v, 138, 141
-v4, 138, 141, 190
-v5, 138, 141
-withlog, 138, 167
.!, 65
.!=, 64, 199, 230, 231
.&&, 65
.*, 46, 50, 62
.+, 46, 66, 252
.-, 46, 66
..., 163
./, 46, 62, 63, 213
.<, 64, 199, 231
.<=, 64, 199, 231
.==, 64, 199, 230, 231
.>, 64, 70, 198, 199, 231, 252
.>=, 64, 199, 231
.\, 46, 62, 63
.^, 46, 62, 63
.||, 65
.~, 62
.bashrc, 32
.cshrc, 32
.login, 32
.mat, 174
.matx_history, 40
.matxout, 145
.matxrc, 144
.mm, 171, 176

289

# 索引

.mx, 173
/, 49, 54, 58
/*, 128
:, 68, 69, 74, 75, 196, 197
——複素行列, 85
——複素多項式, 207
——複素多項式行列, 212
——複素有理多項式, 209
——複素有理多項式行列, 215
;, 47
<, 60, 118
<-, 61, 119, 172
<<, 251
<=, 60, 118
< >, 239
==, 60, 118, 199, 224, 225, 230, 232, 235
>, 60, 118
>=, 60, 118
@, 195
[, 83
[], 72, 83
\, 47, 49, 54, 58
\", 196
%d, 193
%g, 51
\', 196
\?, 196
\\, 196
\a, 196
\b, 196
\f, 196
M$_A$TX-Lib, 2
\n, 47, 195
\r, 196
\t, 47, 195
\v, 196
], 83
^, 49, 55, 59
_MATC_, 144, 237
_MATX_, 144, 237
_matxout, 145
_matxrc, 144
<<, 174
>>, 174
||, 61, 118
~, 54, 58, 96
$0 \times 0$ 行列, 72, 83, 93

0 次ホールド, 269
0 でない成分がある, 245, 247
0 方向の整数への丸め, 244
1-ノルム, 104
10 進数, 48
16 進数, 48
$1 \times 1$ 行列, 43, 49, 78, 162
1 で満たされた行列, 89
2-ノルム, 104
8 進数, 48

■ A

abs(), 244
access(), 178
acos(), 244
acosh(), 244
all(), 62, 120
all_col(), 120, 247
all_row(), 120, 245
ans, 39, 42
any(), 62, 120
any_col(), 62, 120, 247
any_row(), 62, 120, 245
arg(), 244
argc, 186
argv, 186
Array, 45, 243
Array(), 50, 57, 62, 162, 244
ASCII コード, 202
asin(), 244
asinh(), 244
atan(), 244
atan2(), 244
atanh(), 244

■ B

bash, 148
bash, 32
bell(), 169
Big Endian, 175
break, 121, 124

■ C

C, 37
case, 121
ceil(), 244
char, 174

**290**

索 引

chdir, 179
chol(), 97
clear
——画面のクリア, 169
——変数の消去, 189
clock(), 189
CoArray, 45
CoMatrix, 45
cond(), 101, 104
conj(), 55, 59, 81, 244
continue, 124
CoPolynomial, 44
CoPolynomial(), 207
CoRational, 44
CoRational(), 209
corrcoef_col(), 247
corrcoef_row(), 245
cos(), 244
cosh(), 244
cov(), 241
cov_col(), 247
cov_row(), 245
cpp, 237
csh, 148
csh, 32
cumprod(), 241
cumprod_col(), 247
cumprod_row(), 245
cumsum(), 241
cumsum_col(), 247
cumsum_row(), 245
curses ライブラリ, 107
C 言語, 2, 51
C プリプロセッサ, 134, 141

■ D
De()
——有理多項式配列の——, 216
——有理多項式の——, 210
default, 121
degree(), 206
demo, 17, 26, 33
derivative()
——多項式行列の——, 221
——多項式の——, 220
——有理多項式行列の——, 221
——有理多項式の——, 220

det(), 96
diag(), 93
diag_vec(), 82, 96
diff(), 241
diff_col(), 247
diff_eqs(), 265
diff_row(), 245
DISPLAY, 148
DJGPP, 9, 19
DNS, 10
do-while, 123
DOS プロンプト, 37
double, 43, 174

■ E
E, 48
e, 48
eig(), 51, 101
eigval(), 101
eigvec(), 102
Eispack, 3, 95
else, 120
else if, 121
endian, 174
EPS, 39, 104, 249
error(), 166
eval()
——多項式行列の——, 218
——多項式の——, 216
——文字列の——, 191, 203
——有理多項式行列の——, 219
——有理多項式の——, 217
exist(), 188
exit, 38, 125
exp(), 243, 244
export, 148
extern, 161

■ F
fclose(), 176
feof(), 178
FFT, 3, 245, 247
fft(), 248
fft_col(), 247, 248
fft_row(), 245, 248
FFT アルゴリズム, 248
FIG コード, 155

291

# 索　引

find(), 71, 198, 252
fix(), 244
fliplr(), 79
flipud(), 79
float, 174
floor(), 244
fopen(), 176
for, 123
Fortran, 37
fprintf(), 167, 176, 193
fread(), 174
frobnorm(), 104
frobnorm_col(), 247
frobnorm_row(), 245
fscanf(), 176, 193
FTP, 10
ftpmail, 10
Func, 125
fwrite(), 174

■ G
gcc, 19
getenv(), 190
gettimer(), 190
gnuplot, 28, 147
xplot, 147
gzip, 31

■ H
help, 38
hess(), 102
higher()
――多項式行列の――, 223
――多項式の――, 222
――有理多項式行列の――, 223
――有理多項式の――, 222
hist(), 241
hist_col(), 247
hist_row(), 245
HOME, 143, 144
hterm, 157

■ I
I(), 87
if, 120
ifft(), 248
ifft_col(), 247

ifft_row(), 245
Im()
――複素行列, 86
――複素数の――, 44
――複素多項式行列の――, 212
――複素多項式の――, 207
――複素有理多項式行列の――, 215
――有理多項式の――, 209
Index, 45, 69, 75, 197
Inf, 49
infnorm(), 104
int, 174
integral()
――多項式行列の――, 221
――多項式の――, 220
inv(), 54, 58, 96, 244
iscomplex(), 120
isempty(), 93
isfinite(), 120, 244
isinf(), 120, 244
isnan(), 120, 244
isreal(), 120

■ J
ja, 32, 186
ja_JP, 32, 186
japanese, 32, 186

■ K
kermit, 157

■ L
$l_2$ノルム, 101
LANG, 32, 172, 186
length(), 159, 187, 195, 228, 233
link_eqs(), 265
Linpack, 3, 95
linspace(), 91
Linux, 29
List, 227
Little Endian, 175
load, 39, 136, 171, 176
log(), 51, 244
log10(), 244
logspace(), 91
lower()
――多項式行列の――, 223

——多項式の—, 222
——有理多項式行列の—, 223
——有理多項式の—, 222
lu(), 95
lu_p(), 97
LU 分解, 3, 95

■ M
machine_endian(), 175
main(), 125, 139, 159
make, 140
makelist(), 228, 233
Maple, 139
matc, 1, 4, 139
mated, 115
Mathematica, 139
matlab, 2
Matrix, 45
Matrix(), 199, 202, 206, 211, 213, 244, 246, 247
matx, 1, 4, 38, 135
MaTX.log, 138, 140
MaTX.mm, 39, 172, 176
MATX_HISTFILE, 42
MATX_HISTFILESIZE, 42
MATX_HISTSIZE, 42
MATXCPP, 237
MATXDIR, 32, 143, 144, 172
MATXGNUPLOT, 148
MATXINPUTS, 143, 144, 171, 184, 186
MaTXOUT.mm, 10, 20, 29, 144
MaTXRC.mm, 10, 20, 29, 143
MaTX のホームページ, 9, 285
MAT データフォーマット, 115, 174
max(), 241, 244
max_col(), 247
max_row(), 245
maximum(), 51, 241
maximum_col(), 247
maximum_row(), 245
maxsing(), 101
mean(), 241
mean_col(), 247
mean_row(), 245
median(), 241
median_col(), 247
median_row(), 245

menu(), 168
mgplot, 147
mgplot(), 148
mgplot_cmd(), 156
mgplot_figcode(), 155
mgplot_grid(), 150
mgplot_hold(), 157
mgplot_key(), 149
mgplot_loglog(), 153
mgplot_options(), 156
mgplot_psout(), 155
mgplot_quit(), 149
mgplot_replot(), 151
mgplot_reset(), 151
mgplot_semilogx(), 153
mgplot_semilogy(), 153
mgplot_subplot(), 155
MGPLOT_TERM, 157
mgplot_text(), 150
mgplot_title(), 150
mgplot_xlabel(), 150
mgplot_ylabel(), 150
mgreplot(), 152
mgreplot_semilogx(), 154
min(), 241, 244
min_col(), 247
min_row(), 245
minimum(), 241
minimum_col(), 247
minimum_row(), 245
minsing(), 101
mm, 135
MM-ファイル, 4, 5, 39, 50, 95, 135, 136, 171, 176, 186
mule, 138
MX データフォーマット, 173

■ N
NaN, 49, 120
NaN の有無, 244
nargs, 163
norm(), 101, 104
Nu()
——有理多項式配列の—, 216
——有理多項式の—, 210

**293**

# 索　引

## ■ O
Ode(), 256, 260
Ode45(), 256, 260
Ode45Auto(), 267
Ode45Hybrid(), 270
Ode45HybridAuto(), 272
OdeAuto(), 267
OdeHybrid(), 270
OdeHybridAuto(), 272
ONE(), 89, 246
OS, 39, 168, 192

## ■ P
p-ノルム, 104
Pascal, 37
PATH, 32
pause, 169
pclose(), 193
PI, 39
PID, 39
pkgadd, 31
pkgrm, 31
PoArray, 45
poles(), 225
Polynomial, 44
Polynomial(), 205, 206
PoMatrix, 45
popen(), 193
print, 51, 128, 172, 174
printf(), 166, 201
prod(), 96, 241
prod_col(), 247
prod_row(), 245
pseudoinv(), 101
putenv(), 190

## ■ Q
qr(), 98
qr_p(), 98
QR 分解, 3
quit, 16, 25, 33, 38
QZ 分解, 3, 103

## ■ R
RaArray, 45
RaMatrix, 45

rand(), 92, 247
randn(), 92, 243
rank(), 104
Rational, 44
Rational(), 208
Re()
──複素行列, 86
──複素数の──, 44
──複素多項式行列の──, 212
──複素多項式の──, 207
──複素有理多項式行列の──, 215
──有理多項式の──, 209
read, 129, 172, 174, 251
rem(), 244
require, 184, 185
reshape(), 82
return, 127
rkf45(), 255
RKF45 法, 253
rngkut4(), 255
roots(), 225
rot90(), 79
round(), 244, 252
round2z(), 214, 244, 249
rpm, 30
Runge-Kutta 法, 253

## ■ S
s, 205
save, 39, 176
scanf(), 201
schur(), 102
setenv, 148
setenv, 32
settimer(), 190
sgn(), 244
sh, 148
short, 174
simplify(), 209, 210, 214
sin(), 244
singed char, 174
singed int, 174
singed short, 174
singleftvec(), 101
singrightvec(), 101
singval(), 100
sinh(), 244

# 索引

Solaris, 30
sort(), 241
sort_col(), 247
sort_row(), 245
sprintf(), 202
sqrt(), 244
sscanf(), 201
static, 186
std(), 241
std_col(), 247
std_row(), 245
strchr(), 200
String(), 50, 163, 202
sum(), 51, 241
sum_col(), 247
sum_row(), 245, 252
svd(), 100
switch, 121, 232
system(), 192

■ T
tan(), 244
tanh(), 244
tar, 31
tcsh, 148
Tektronix, 157
trans(), 55, 59
tril(), 80
triu(), 80
Turbo Linux, 29
typeof(), 183, 232, 235

■ U
UNIX, 131
UNIX 互換 OS, 28
unsinged char, 174
unsinged int, 174
unsinged short, 174
unwrap_col(), 247
unwrap_row(), 245

■ V
Van der Pol 方程式, 254
version(), 190
Vine, 29
Visual C++, 9
void, 126

vt98, 157

■ W
warning(), 167
what, 39
which, 39, 185
while, 122
who, 39, 188, 191
whos, 39, 188, 191
Windows 95/98/NT, 10, 37, 107, 147

■ X
X-Window, 107, 147

■ Y
yacc, 4

■ Z
Z(), 73, 86
zeros(), 225

■ あ
アイコン, 37
値わたし, 181
アポストロフィ, 196
余り, 244
アルファベット, 199
アンインストール, 18, 27, 30–32
アンダスコア, 39

■ い
位相, 154
位相平面, 257
位置制御, 258
一様乱数, 92
一様乱数配列, 247
一般化固有値, 102
一般化固有値分解, 3
一般化固有ベクトル, 102
インストーラ, 13
インストール, 9
インターネット, 9
インタプリタ, 1, 4, 135
インタラクティブ・モード, 135
インデックス, 47, 67
インライン展開, 240

295

# 索　引

**■う**
上三角行列, 80, 95
上三角部分, 80
打ち切り誤差, 255

**■え**
エスケープシーケンス, 107
エラー停止, 166
エンディアン, 174

**■お**
大きさの変更, 82
オブジェクトファイル, 140
オプション, 137

**■か**
改行, 195
階数, 104
回転, 79
外部データ, 250
外部入力, 254
ガウスの消去法, 96
拡張子, 135
拡張文字コード, 195
型, 37
片対数グラフ, 153
型変換, 49, 162
型変換関数, 57, 62, 162, 202, 206, 244
可変個の引数, 163
画面クリア, 169
カレントウィンドウ, 148
環境変数, 143, 144, 148, 171, 190, 237
関係演算, 76
関係演算子, 60, 118
関数, 39, 125
関数の検索, 185
関数の参照, 182
関数の定義, 125
関数の引数, 181
関数のポインタ, 182
カンマ, 83
カンマ演算子, 124

**■き**
偽, 60, 61, 117
キーバインディング, 40, 107

疑似逆行列, 101
機種精度, 39, 249
疑似乱数, 92
起動, 16, 25, 37
疑問符, 196
逆, 58
逆FFT, 245, 247
逆行列, 54, 95, 244
逆数, 244
逆スラッシュ, 47, 196
逆正弦, 244
逆正接, 244
逆双曲線正弦, 244
逆双曲線正接, 244
逆双曲線余弦, 244
逆フーリエ変換, 248
逆余弦, 244
キャラクタ端末, 107
行, 67, 68
共通因子, 208, 210
共分散行列, 245, 247
行ベクトル, 46, 84
共役複素数, 244
行列, 45, 46
行列エディタ, 107, 129
行列型, 45
行列式, 95
行列成分, 47
行列のサイズ, 53
行列の入力, 107
行列の編集, 107
極, 225
局所変数, 126, 159
虚数単位, 43
虚部, 44
許容誤差, 96, 104, 268, 272
切り捨て, 43

**■く**
クイットファイル, 144
空行列, 93
区間, 75
組込み関数, 38, 50, 95

**■け**
警告, 167
係数, 44

係数のシフト
——多項式行列の—, 223
——多項式の—, 222
——有理多項式行列の—, 223
——有理多項式の—, 222
ゲイン, 154
ケーリー・ハミルトンの定理, 217

■こ
交換可能, 58
構文解析, 4
コマンドライン, 37
コマンドライン引数, 186
コマンドライン編集, 40
コマンドライン履歴, 40
コメント, 128, 251
固有値, 51, 101
固有値分解, 3
固有ベクトル, 51, 101
コレスキー分解, 97
コロン, 68
根, 225
コンパイラ, 1, 4

■さ
差, 53, 57
再帰関数, 165
最高値の整数への丸め, 244
最小二乗, 55, 99
最小値, 241, 245, 247
最小値の整数への丸め, 244
最小特異値, 100
最大値, 51, 241, 245, 247
最大特異値, 100
差分, 241, 245, 247
差分方程式, 269
左右反転, 79
三角分解, 95
参照わたし, 139, 166, 181
サンプラ, 269
サンプリング, 253

■し
シェル, 37, 192
シェルスクリプト, 134
式行列, 49, 78
字句解析, 3

時系列, 241
自己解凍ファイル, 11
指数, 45, 229, 234, 235, 244, 252
次数, 206
指数型, 69, 75, 197
指数行列, 244
自然対数, 244
四則演算, 243
下三角行列, 80, 95
下三角部分, 80
実行列, 78
実験データの閲覧, 115
実行可能型ファイル, 139
実数, 43
実多項式, 205
実多項式行列, 211
実部, 44
実有理多項式, 208
実有理多項式行列, 213
自動拡大機能, 78
自動型変換, 161
シュアー分解, 102
周期, 92
周波数応答, 248
終了, 16, 25, 37
出力方程式, 258
商, 54, 58
上下反転, 79
条件数, 101
状態, 254
状態観測器, 262
状態フィードバック, 259
状態方程式, 258
常微分方程式, 253
常用対数, 244
初期値問題, 253
真, 60, 61, 117
信号処理, 57, 241

■す
垂直タブ, 196
数式処理, 1
数値解法, 253
数値計算, 1
スカラ, 53
スカラ型, 43, 60, 61
スタートアップファイル, 143

# 索　引

スタートメニュー, 37
スタティックリンク, 142
水平タブ, 196
スペース, 83
すべての成分が0でない, 245, 247
すべての成分が1の行列, 113

## ■せ
正規乱数, 92
正弦, 244
正弦波, 243
整数, 43
整数定数, 48
正接, 244
正則, 54
静的変数, 186
成分の型, 232, 235
成分の削除, 72, 77
成分の参照, 67
成分の代入, 67
積, 54, 58
積分
――多項式行列の――, 221
――多項式の――, 220
絶対値, 244
セミコロン, 47
0への丸め, 244
線形プロット, 148
宣言, 160
線のタイトル, 149

## ■そ
相関関数, 241
相関係数, 245, 247
双曲線正弦, 244
双曲線正接, 244
双曲線余弦, 244
総積, 241, 245, 247
総和, 241, 245, 247
ソート, 241, 245, 247

## ■た
大域変数, 159
対角行列, 93
対角成分の操作, 82
大小の比較, 244
対数行列, 244

対数スケール, 91
代入式, 167
タイマ, 190
多項式, 44, 205
多項式行列, 45, 78, 86, 205, 211
多項式行列の比較, 225
多項式の係数, 206, 207
多項式の比較, 224
多項式配列, 45
多項式変数, 44, 205
畳み込み, 248
多段リスト, 232
種, 92
タブ, 83, 195
単位行列, 55, 87, 113

## ■ち
中間値, 241, 245, 247
中間変数, 79
直流成分, 249
直交行列, 98, 100
直交分解, 95, 98

## ■つ
通用範囲, 160

## ■て
停止, 169
ディジタル制御, 269
定数ゲイン, 259
ディレクトリの変更, 179
データ解析, 241
データ型, 243
データ処理, 57
デフォルトMM-ファイルディレクトリ, 172, 184, 186
転置, 55, 56, 59, 81, 112

## ■と
等間隔ベクトル, 90
統計計算, 241
登録変数, 188
特異値, 100
特異値分解, 95, 100
匿名ftp, 10

索引

■な
ナイキスト周波数, 249
並べ替え付き LU 分解, 97
並べ替え付き QR 分解, 98

■に
二重引用符, 47, 196

■の
ノルム, 104

■は
バージョン, 190
π, 39
倍精度, 43
パイプ, 157
ハイブリッドシステム, 253, 269
配列, 45, 243
配列演算, 57
配列演算子, 46, 62, 118, 213
配列型, 90
配列関係演算子, 64
配列のサイズ, 58
配列論理演算子, 65
白色雑音, 243
バックスペース, 196
パワースペクトル, 248, 250

■ひ
ピース行列, 73
ヒストグラム, 241, 245, 247
非正則, 54
非正方, 87
微分
――多項式行列の―, 221
――多項式の―, 220
――有理多項式行列の―, 221
――有理多項式の―, 220
微分方程式系, 265
ピボッティング, 96
ピボット値, 96
評価
――多項式行列の―, 218
――多項式の―, 216
――文字列の―, 191, 203
――有理多項式行列の―, 219

――有理多項式の―, 217
標準エラー出力, 167, 177
標準出力, 177
標準入力, 177
標準偏差, 241, 245, 247, 252

■ふ
ファイルディスクリプタ, 176, 193
ファイル入出力, 114
ファイルのアクセス権, 178
ファイル名, 39
フィルター, 248
フーリエ変換, 248
副行列, 72
複数値関数, 165
複素共役, 55, 59, 81
複素共役転置, 56, 59, 81
複素行列, 45, 78, 85
複素行列の編集, 113
複素数, 43, 49
複素数表現, 49
複素多項式, 44, 45, 206
複素多項式行列, 211
複素単位行列, 87
複素配列, 45
複素有理多項式, 44
複素有理多項式行列, 214
符合, 244
ソフトウェア使用許諾規定, 286
復帰, 196
復帰改行, 196
部分行列, 67, 68, 111
部分文字列, 196
ブラケット, 46, 78, 83
プリプロセッサ, 237
フルランク, 98
フロー制御, 117
プロセス間通信, 138
プロセス ID, 39
プロセスディスクリプタ, 193
ブロック行列, 73, 86, 87, 89
ブロック成分, 73
ブロック対角行列, 93
ブロック単位行列, 88
ブロック部分行列, 75
ブロック零行列, 87
フロベニウスノルム, 104

299

索　引

プロンプト, 25, 135
分割コンパイル, 140
分散, 241, 243
分子多項式, 210
分子配列, 216
分母多項式, 210
分母配列, 216

■へ
平均, 243, 252
平均値, 51, 241, 245, 247
平方根, 244
平方根行列, 244
ベクトル, 67
ベクトルの成分, 67
ヘッセンベルグ分解, 102
ベル, 169
ヘルプ, 38
偏角, 244
偏角の修正, 245, 247
変数, 39, 159
変数消去, 189
変数の型, 39
変数のサイズ, 39
変数の宣言, 160
変数の存在, 188
変数の定義, 126, 160
ベンチマーク, 34

■ほ
ボード線図, 153
ポストスクリプト, 155

■ま
マクロ定義, 240

■み
未知数, 55, 99

■む
無限大, 120
∞-ノルム, 104
無限ループ, 123, 124

■め
メーリングリスト, 285
メニュー, 168

■も
モータ, 258
文字の位置, 200
文字列, 47, 195
文字列の関係演算, 199
文字列の長さ, 195
最も近い整数への丸め, 244

■ゆ
有限の有無, 244
ユーザ定義関数, 38, 50
ユーザ登録, 286
有理多項式, 44, 205
有理多項式行列, 45, 78, 86, 205, 213
有理多項式行列の比較, 225
有理多項式の比較, 224
有理多項式配列, 45
ユニタリ行列, 98, 100

■よ
余弦, 244
予約語, 125, 127

■ら
ライセンス, 287
ライセンス契約, 13, 23
ランク, 104
乱数発生器, 92
乱数列, 92

■り
リスト, 48, 73, 165, 227
リストの結合, 230
リストの比較, 230
リダイレクト
——->, 173
——<-, 173
——<<, 174
——>>, 174
両対数グラフ, 153
履歴の設定, 42
履歴の長さ, 42
リンク系, 265

■る
累乗, 55, 59

累積, 241, 245, 247
累和, 241, 245, 247

■れ
零行列, 73, 84, 86, 113
零点, 225
列, 67, 68
列ベクトル, 84
連立方程式, 55, 95, 99

■ろ
ログファイル, 138
論理演算, 61, 76
論理演算関数, 62
論理演算子, 61, 118
論理型, 117
論理関数, 120

■わ
和, 53, 57

<著者紹介>

古賀 雅伸(こ が まさ のぶ)
- 学 歴　東京工業大学大学院理工学研究科博士課程修了（1993年）
　　　　博士（工学）（1993年）
- 職 歴　東京工業大学工学部制御工学科助手（1993年）
　　　　東京工業大学大学院情報理工学科情報環境学専攻助手（1994年）

## 制御・数値解析のための M$_A$TX

| 2000年2月10日　第1版1刷発行 | 著　者　古賀 雅伸 |
|---|---|
| | 発行者　学校法人　東京電機大学<br>　　　　代表者　丸山孝一郎<br>発行所　東京電機大学出版局<br>　　　　〒101-8457<br>　　　　東京都千代田区神田錦町2-2<br>　　　　振替口座　00160-5-71715<br>　　　　電話　(03)5280-3433(営業)<br>　　　　　　　(03)5280-3422(編集) |
| 印刷・製本　東京書籍印刷㈱<br>装　　幀　福田和雄 | ⓒMasanobu Koga　2000<br>Printed in Japan |

＊無断で転載することを禁じます。
＊落丁・乱丁本はお取替えいたします。

ISBN4-501-53100-2　C-3055

R＜日本複写権センター委託出版物・特別扱い＞

# Mathematica関連図書

## Mathematicaハンドブック
M.L.アベル/J.P.ブレイセルトン 共著
川瀬宏海/五島奉文/佐藤穂/田澤義彦 共訳
B5判 818頁

多くのコマンドに関する豊富な実例が示してあり，計算結果や記号演算およびグラフィックス表示の機能が視覚的に理解できる。よりていねいな訳注によりわかりやすい訳を心がけた。

## Mathematicaによる 電磁気学
川瀬宏海 著
B5判 252頁 CD-ROM付

電磁気学の数学的モデルをMathematicaのグラフィックス機能を用いてわかりやすく解説。

## Mathematicaによる メカニズム
小峯龍男 著
B5判 162頁 CD-ROM付

「動くメカニズムの本」として，Mathematicaの演算・アニメーション機能を用い，数式と動作が視覚的に関連して理解できるよう配慮した。

## 新 数学とコンピュータシリーズ 10
## Mathematicaによる 離散数学入門
片桐重延/室岡和彦 共著
B5判 236頁

Mathematicaを用いて，コンピュータ科学の数学的な基礎である離散数学をわかりやすく，やさしく取り扱う。

## ファーストステップ Mathematica
数値計算からハイパーリンクまで
小峯龍男 著
B5判 160頁

Mathematica3の新機能であるボタンとハイパーリンクを含め，初めての人のために視覚的にやさしく解説。

## Mathematica3による 工科の数学
田澤義彦 著
B5判 200頁 CD-ROM付

Mathematica3を用いて工科系の大学で学ぶ数学の全体像を概観することを目的とする。実例に基づいた基本的な機能の解説を通して，工科系の数学が把握できるよう配慮した。

## Mathematicaによる プレゼンテーション
創作グラフィックス
川瀬宏海 著
B5判 262頁 CD-ROM付

馴染みの少ない純関数や条件式およびパターン認識操作を行い，グラフィックスや彩色の操作を中心に，独自性のあるグラフィックス作成法をまとめた。

## Mathematicaによる 材料力学
小峯龍男 著
B5判 168頁 CD-ROM付

材料力学の問題解法の中で比較的多くの時間を占める式の展開や計算処理をMathematicaを用いることにより，理論を記述すれば解が求まるように，簡単に解説。

## 見る微分積分学
Mathematicaによるイメージトレーニング

井上真 著
A5判 264頁 CD-ROM付

Mathematicaのグラフィックス表示やアニメーションの機能を用い，物事を学ぶ上で重要な概念を表現し，読者が自分のイメージを作るための場を提供する。

## Mathematicaで絵を描こう
中村健蔵 著
B5判 252頁 CD-ROM付

グラフィックス能力の高い数式処理ソフトであるMathemaicaを画像作成ツールとして使用し，アーティスティックな絵を描く方法を紹介する。付属CD-ROMで絵の色や動きを楽しめる。

＊定価，図書目録のお問い合わせ・ご要望は出版局までお願い致します。